信息技术人才培养系列教材

Spring Boot 企业级应用开发与实战

微课版

千锋教育 | 策划　夏辉丽 徐照兴 | 主编　梁建勇 刘汉烨 | 副主编

人民邮电出版社
北京

图书在版编目（CIP）数据

Spring Boot 企业级应用开发与实战 : 微课版 / 夏辉丽, 徐照兴主编. -- 北京 : 人民邮电出版社, 2024.3
信息技术人才培养系列教材
ISBN 978-7-115-62738-4

Ⅰ. ①S… Ⅱ. ①夏… ②徐… Ⅲ. ①JAVA语言－程序设计－教材 Ⅳ. ①TP312.8

中国国家版本馆CIP数据核字(2023)第182150号

内 容 提 要

本书基于 Spring Boot 2.7.3 版本，配合源码的讲解，全面深入地讲解了 Spring Boot 的底层原理及主要应用，重点介绍使用 Spring Boot 进行微服务项目的快速开发。全书共 9 章，主要包括 Spring Boot 入门、Spring Boot 基础、Spring Boot 的数据访问、Spring Boot 整合核心开发知识点、Spring Boot 单元测试、Spring Boot 安全管理、Spring Boot 消息服务、Spring Boot 的指标监控、智慧工地监控大数据平台。

本书可作为高等院校计算机等专业的教学用书，也可作为程序设计人员的参考书。

◆ 主　　编　夏辉丽　徐照兴
　副 主 编　梁建勇　刘汉烨
　责任编辑　李　召
　责任印制　王　郁　陈　犇
◆ 人民邮电出版社出版发行　　北京市丰台区成寿寺路 11 号
　邮编　100164　　电子邮件　315@ptpress.com.cn
　网址　https://www.ptpress.com.cn
　三河市君旺印务有限公司印刷
◆ 开本：787×1092　1/16
　印张：13.25　　2024 年 3 月第 1 版
　字数：321 千字　　2024 年 7 月河北第 2 次印刷

定价：49.80 元

读者服务热线：(010) 81055256　印装质量热线：(010) 81055316
反盗版热线：(010) 81055315
广告经营许可证：京东市监广登字 20170147 号

前言

“Spring Boot 企业级应用开发与实战”是高等院校面向计算机专业开设的一门 Java 应用开发提升课程，是 Java 方向系列课程中的进阶课程，也是培养 Java EE 方向程序员的核心课程。本书旨在帮助任课教师更好地开展教学活动，着重培养学生基于框架技术进行 Web 应用开发的能力，帮助学生总结和巩固所学知识。

本书与“Spring Boot 企业级应用开发与实战”课程要求契合，基于一线开发者的实战经验总结，由理论到实战对 Spring Boot 的原理和应用进行系统讲解。本书是结合当前软件企业和计算机行业对 Java EE 程序员的任职要求，以及高校计算机专业对培养学生 Java 企业级应用开发能力要求进行设计。本书采用“知识点＋实例”的形式，详细讲解了 Spring Boot 的技术原理、常用知识点、常用注解和典型应用，还介绍了时下流行的用来实现高并发的 Redis、用来实现系统间通信的中间件 RabbitMQ 和安全框架 Spring Security，最后通过“智慧工地监控大数据平台”项目的学习，学生能够熟悉 Spring Boot+Vue.js 项目开发的完整工作过程。本书内容涵盖理论到互联网微服务后端的实践，并借用贴近企业和行业的案例，让学生应用所学专业知识直接实现企业开发真实需求。在体系编排上，本书坚持“以技能培养为主，知识够用为度”的教学思路，内容上以理论服务实践，从 Spring Boot 的技术原理到 Spring Boot 程序案例，再到综合项目实现，让学生能够对所学知识点做到融会贯通并举一反三。

本书特点

1．案例式教学，理论结合实战

（1）经典案例涵盖所有主要知识点

✧ 根据每章重要知识点，精心挑选案例，促进隐性知识与显性知识的转化，将书中隐性的知识外显或将显性的知识内化。

✧ 案例包含运行效果、实现思路、代码详解。案例设置结构清晰，方便教学和自学。

（2）企业级大型项目，帮助读者掌握前沿技术

✧ 引入 Spring Boot+Vue.js 的“智慧工地监控大数据平台”项目，并对该项目进行精细化讲解，厘清代码逻辑，从动手实践的角度，帮助读者逐步掌握前沿技术，为高质量就业赋能。

2．立体化配套资源，支持线上线下混合式教学

✧ 文本类：教学大纲、教学 PPT、课后习题及答案、测试题库。
✧ 素材类：源码包、实战项目、相关软件安装包。
✧ 视频类：微课视频、面授课视频。
✧ 平台类：教师服务与交流群、锋云智慧教辅平台。

3．全方位的读者服务，提高教学和学习效率

✧ 人邮教育社区（www.ryjiaoyu.com）。教师通过社区搜索图书，可以获取本书的出版信息及相关配套资源。

✧ 锋云智慧教辅平台（www.fengyunedu.cn）。教师可登录锋云智慧教辅平台，获取免费的教学和学习资源。该平台是千锋专为高校打造的智慧学习云平台，传承千锋教育多年来在 IT 职业教育领域积累的丰富资源与经验，可为高校师生提供全方位教辅服务，依托千锋先进教学资源，重构 IT 教学模式。

✧ 教师服务与交流群（QQ 群号：777953263）。该群是人民邮电出版社和图书编者一起建立的，专门为教师提供教学服务，分享教学经验、案例资源，答疑解惑，以期提高教学质量。

教师服务与交流群

致谢及意见反馈

本书的编写和整理工作由高校教师及北京千锋互联科技有限公司高教产品部共同完成，其中主要的参与人员有夏辉丽、徐照兴、梁建勇、刘汉烨、任俊香、毕家豪、苏雪华、吕春林等。除此之外，千锋教育的 500 多名学员参与了本书的试读工作，他们站在初学者的角度对本书提出了许多宝贵的修改意见，在此一并表示衷心的感谢。

在本书的编写过程中，我们力求完美，但书中难免有一些不足之处，欢迎各界专家和读者朋友给予宝贵的意见，联系方式：textbook@1000phone.com。

编者
2023 年 5 月

目录

第1章 Spring Boot入门

本章学习目标

- 掌握 Spring Boot 的基本概念。
- 了解 Spring Boot 的生态。
- 了解 Spring Boot 的优缺点。
- 了解微服务环境。

Spring 框架广泛运用于构建企业级应用，但是此框架配置烦琐，在进行小型项目开发时显得过于臃肿。为了使开发人员能够快速地使用 Spring 框架搭建 Web 项目，Spring Boot 应运而生。

1.1 Spring Boot 简介

Spring Boot 是一个基于 Spring 框架的快速开发工具，它提供了一种简便的方式来创建独立的、生产级别的 Spring 应用程序。Spring Boot 不仅是整合 Spring 技术栈的一站式框架，而且是简化 Spring 技术栈的快速开发脚手架。Spring Boot 内置了许多自动配置类，可以快速地创建 Web 项目并运行，开发人员无须进行过多的构建与配置。

1.1.1 Spring Boot 的生态

在 Web 开发中常用的 Spring 框架的全称是 Spring Framework。Spring Framework 在 Spring 生态系统中处于核心地位，是一个被广泛应用于 Web 服务搭建的重要框架。另外，Spring 生态系统还包括许多其他优秀的应用，如图 1.1 所示。

在图 1.1 中，左侧列举了 Spring 生态圈中的部分应用。这些应用中包含了常用的 Spring Framework、Spring Session 和 Spring Data。在 Web 开发中过多地使用 Spring 应用不利于开发人员进行管理，因此，Spring 官方提供了 Spring Boot 来整合所有的 Spring 应用。

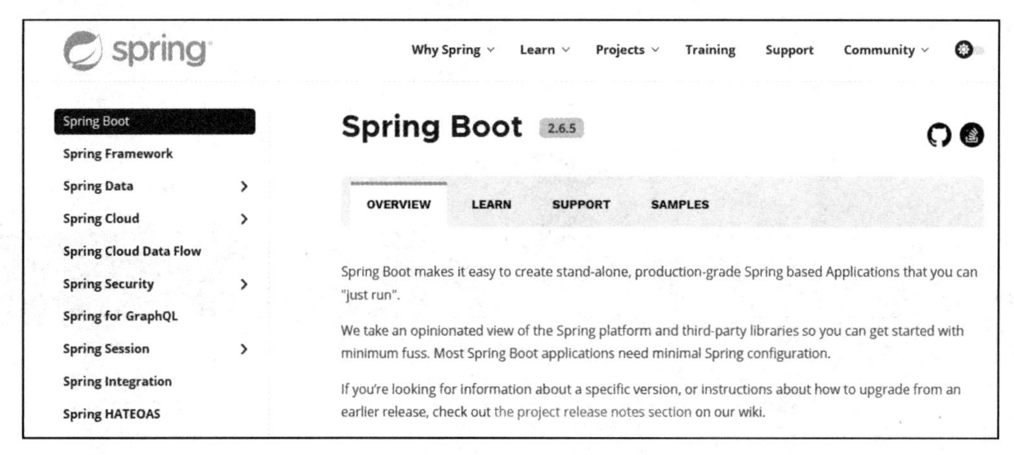

图 1.1　Spring 生态圈

1.1.2　Spring Boot 优缺点

1. Spring Boot 优点

（1）创建独立的 Spring 应用。Spring Boot 的每个应用都是独立的，当 Web 应用程序需要多个服务时必须创建多个 Spring Boot 应用，这种方式可以更方便地管理每个项目的业务。

（2）内嵌 Web 服务器。Spring Boot 含有内嵌的 Web 服务器，因此在开发中无须配置 Tomcat 等其他 Web 服务器。在运行项目时，只需运行 Spring Boot 主启动类即可运行整个 Web 项目。

（3）自动 Starter 依赖，简化构建配置。在 Spring Boot 项目中，存在大量的配置类，这些配置类会在项目启动时自动加载，如数据库连接、事务处理以及过滤器等。用户无须手动编写这些配置，而是可以通过 Spring Boot 的自动配置类来实现这些功能，从而大大简化了项目的构建和配置过程。

（4）自动配置 Spring 以及第三方功能。Spring Boot 提供了 FactoryBean 接口以扩展第三方功能，即当需要集成第三方功能时，可以使用 FactoryBean 接口，配合 Spring 的生命周期来向容器中加入相关配置。

（5）提供生产级别的监控、健康检查和外部化配置。

（6）无须编写 XML 文件。在 Web 开发中，开发人员可将所有的配置编写在 YML 文件中，随后由自动配置类从 YML 文件中取出并使用。

2. Spring Boot 缺点

（1）版本更新较快，需要时刻关注并跟随更新的技术做出改变。

（2）封装过深，内部原理复杂，不容易精通。

1.1.3　微服务的兴起

微服务是一种架构风格，通俗来说，每一个业务都将被拆分成一个服务；而每个服务之间由 HTTP 进行轻量级交互。

Spring Boot 可以担当微服务中的应用。在微服务中，每个应用使用 Spring Boot 进行编写，多个 Spring Boot 应用通过统一的软件进行管理，最终形成微服务项目。

接下来，本书将带领读者学习 Spring Boot 的使用。

1.2 Spring Boot 环境配置

配置 Spring Boot 环境。首先需要确定各个软件的版本，随后配置 Maven 的相关属性。

1.2.1 系统及软件要求

首先统一本书所有示例的软件版本。JDK 采用 1.8 版本，Maven 采用 3.3 版本，编辑器采用 IDEA 2021.2 版本，Spring Boot 采用 2.3.7.RELEASE 版本，数据库采用 MySQL 8.0 版本。Redis 的版本继承于 Spring Boot。此外，需要用到测试工具 Postman。

1.2.2 配置 Maven 环境

首先配置 Maven 环境，在 Maven 的 settings.xml 文件中加入相应配置代码，代码如例 1-1 所示。

【例 1-1】Maven 中的 settings.xml 文件

```
1.    <localRepository>D:/maven/repository</localRepository>
2.    <mirrors>
3.       <mirror>
4.         <id>nexus-aliyun</id>
5.         <mirrorOf>central</mirrorOf>
6.         <name>Nexus aliyun</name>
7.         <url>http://maven.aliyun.com/nexus/content/groups/public</url>
8.       </mirror>
9.    </mirrors>
10.
11.   <profiles>
12.         <profile>
13.              <id>jdk-1.8</id>
14.              <activation>
15.                <activeByDefault>true</activeByDefault>
16.                <jdk>1.8</jdk>
17.              </activation>
18.              <properties>
19.                <maven.compiler.source>1.8</maven.compiler.source>
20.                <maven.compiler.target>1.8</maven.compiler.target>
21.                <maven.compiler.compilerVersion>
22.                    1.8
23.                </maven.compiler.compilerVersion>
24.              </properties>
25.         </profile>
26.   </profiles>
```

例 1-1 的第 1 行代码用于设置 Maven 仓库的位置，配置完成后，此仓库配置的依赖将会存放到指定的目录；第 2～9 行代码用于配置阿里云的镜像，使用镜像中的下载地址可以让

Maven 中所用 JAR 包的下载速度更快；第 11～26 行代码用于配置 JDK 编译版本，使其与代码的 JDK 版本保持一致。

1.3 Spring Boot 简单应用

在配置完成 Maven 环境之后，我们可以开始创建 Spring Boot 应用。接下来使用一个示例讲述创建 Spring Boot 项目的步骤。

1.3.1 创建 Maven 项目

（1）使用 IDEA 创建 Maven 项目，打开 IDEA，依次单击左上角的“File”→“New”→“Project…”，如图 1.2 所示。

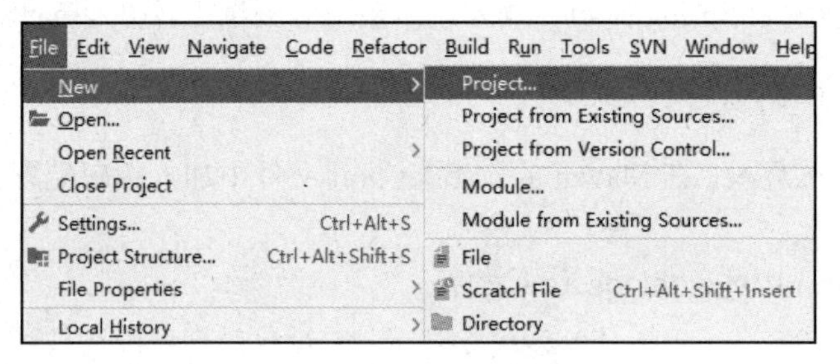

图 1.2 新建 Maven 项目

（2）在弹出的“New Projcct”界面中选择项目使用 SDK 版本，此处选择 JDK 1.8 版本，再单击“Next”按钮，如图 1.3 所示。

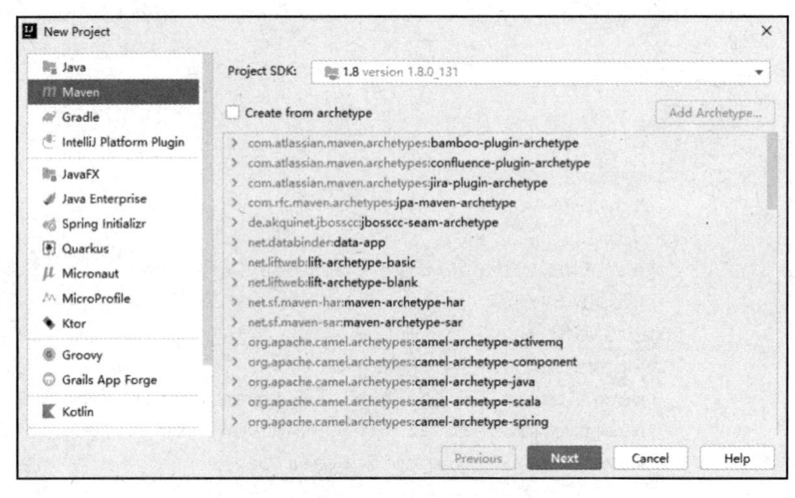

图 1.3 Maven 项目的新建界面

（3）设置 Maven 项目的名称，设置完成后，单击“Finish”按钮，如图 1.4 所示。

（4）项目创建完成后，目录结构如图 1.5 所示。

（5）配置 Maven 项目的 settings.xml 文件与 Maven 仓库，依次单击 IDEA 中的“File”→“Settings…”，如图 1.6 所示。

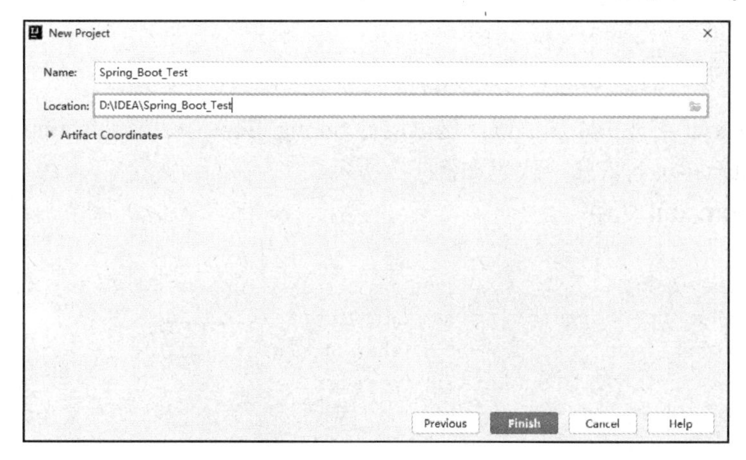

图 1.4　设置 Maven 项目名称

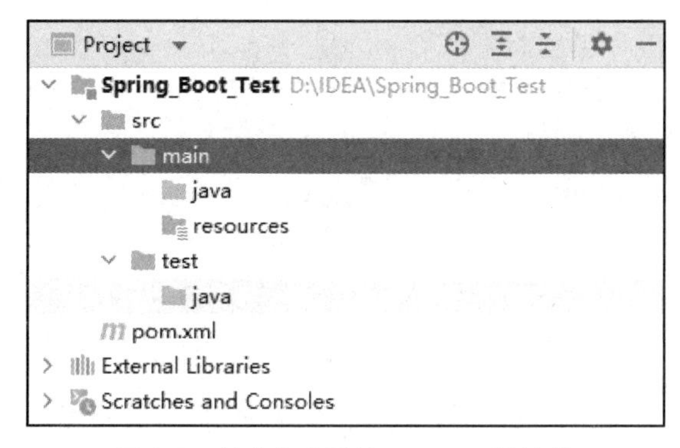

图 1.5　创建完成后的 Maven 目录结构

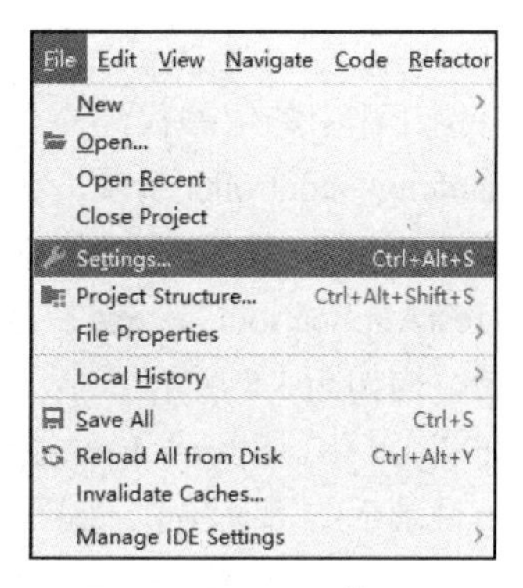

图 1.6　Maven 环境配置

（6）在弹出的“Settings”界面的左侧单击“Maven”，打开 Maven 的配置项界面，依次设置 Maven 的安装包路径、Maven 的 settings.xml 文件路径和 Maven 的仓库路径，如图 1.7 所示。

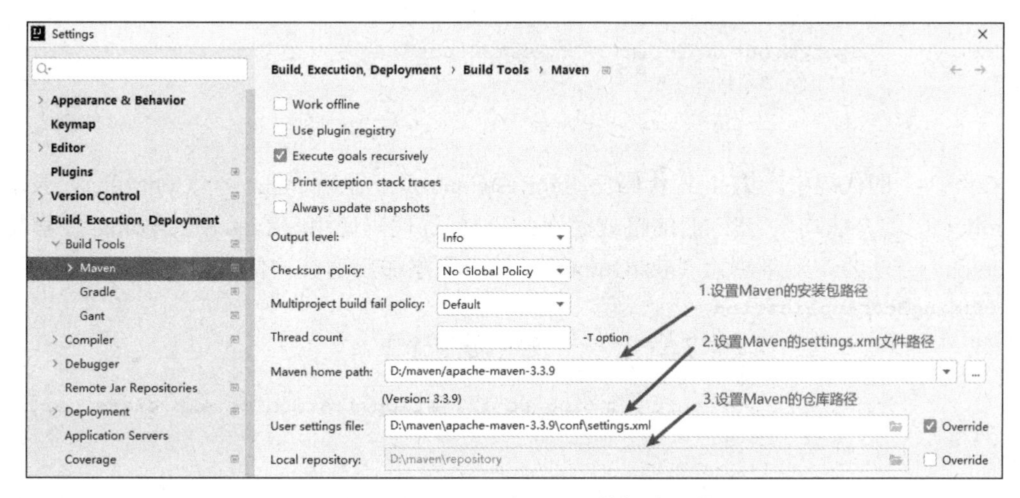

图 1.7　设置 IDEA 中 Maven 的相关配置

1.3.2　项目构建

首先在 pom.xml 文件中添加依赖，这里运行 Spring Boot 项目需要 spring-boot-starter 依赖和 spring-boot-starter-web 依赖，代码如例 1-2 所示。

【例 1-2】pom.xml 文件

```
1.  <dependencies>
2.      <dependency>
3.          <groupId>org.springframework.boot</groupId>
4.          <artifactId>spring-boot-starter</artifactId>
5.          <version>2.2.5.RELEASE</version>
6.      </dependency>
7.      <dependency>
8.          <groupId>org.springframework.boot</groupId>
9.          <artifactId>spring-boot-starter-web</artifactId>
10.         <version>2.2.5.RELEASE</version>
11.     </dependency>
12. </dependencies>
```

将例 1-2 中的依赖代码添加到 pom.xml 文件中，随后编写启动类。在 java 目录下创建 com.qianfeng→controller 目录，在 controller 目录下创建 TestController 类，在 com.qianfeng 目录下创建 Spring_Boot_TestApplicationContext 启动类。项目创建完成后的目录结构如图 1.8 所示。

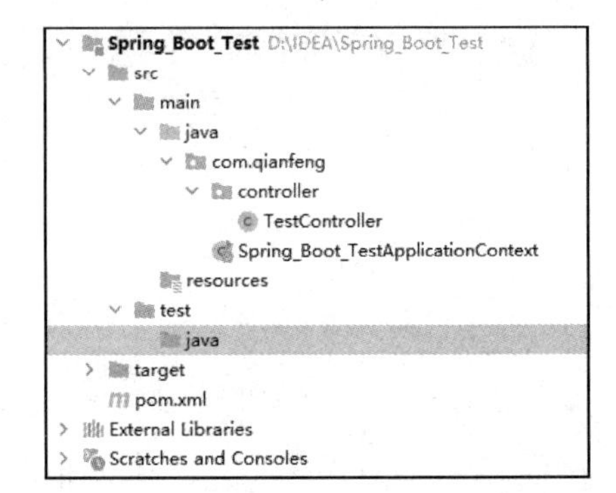

图 1.8　项目创建完成后的目录结构

在图 1.8 中，Spring Boot 会扫描主启动类所在目录及子目录下的所有注解。编写 TestController.java 文件中的代码，代码如例 1-3 所示。

【例 1-3】TestController.java

```
1.  @RestController
2.  public class TestController {
3.
4.      @RequestMapping("/testOutput")
5.      public String TestOutput(){
6.          System.out.println("调用 TestOutput");
7.          return "调用成功";
8.      }
9.  }
```

在例 1-3 的代码中，第 1 行代码使用@RestController 注解标注一个 Controller，表示此 Controller 中的方法均以 JSON 的格式返回；第 4 行代码使用@RequestMapping 注解指定 TestOutput()方法的访问路径为“/testOutput”。接下来添加启动类，代码如下所示。

```
@SpringBootApplication
public class Spring_Boot_TestApplicationContext{
    public static void main(String[]args){
        SpringApplication.run(Spring_Boot_TestApplicationContext.class, args);
    }
}
```

在以上代码中，@SpringBootApplication 注解表示启动类，被此注解标注的类可以加载

Spring Boot 的自动化流程；使用 SpringApplication.run()即可启动一个容器。

1.3.3　项目启动

运行 Spring_Boot_TestApplicationContext 启动类，启动 Spring Boot 项目。此时控制台会打印相关日志，如图 1.9 所示。

```
Run:  Spring_Boot_TestApplicationContext
Console  Actuator
"C:\Program Files\Java\jdk1.8.0_131\bin\java.exe" ...

  .   ____          _            __ _ _
 /\\ / ___'_ __ _ _(_)_ __  __ _ \ \ \ \
( ( )\___ | '_ | '_| | '_ \/ _` | \ \ \ \
 \\/  ___)| |_)| | | | | || (_| |  ) ) ) )
  '  |____| .__|_| |_|_| |_\__, | / / / /
 =========|_|==============|___/=/_/_/_/
 :: Spring Boot ::        (v2.2.5.RELEASE)
```

图 1.9　Spring Boot 项目的运行

等到 Spring Boot 项目启动完成后，打开浏览器访问 TestOutput()方法，访问结果如图 1.10 所示。

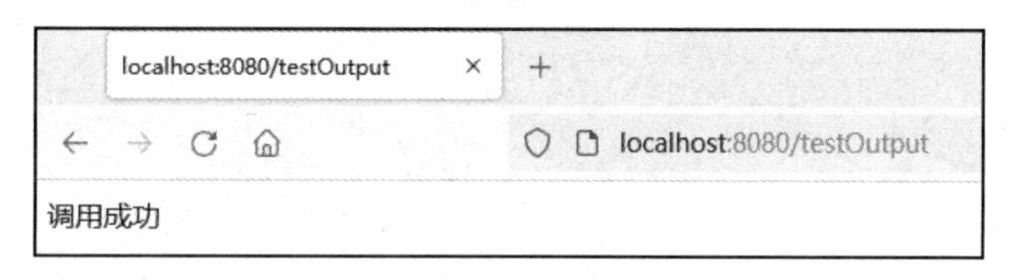

图 1.10　测试访问 Spring Boot 项目

从图 1.10 中可以看出，已成功访问 TestOutput()方法。

1.3.4　Spring Initializr 快速创建

在创建 Spring Boot 项目时，开发人员可以选择使用 Spring Initializr 方式联网来创建想要的项目。具体操作步骤如下。

（1）依次单击 IDEA 中的“File”→“New”→“Project...”，如图 1.2 所示。

（2）在弹出的“New Project”界面中选择“Spring Initializr”，设置项目的名称，随后选择语言和项目类型，其余的选项可以保持默认状态，如图 1.11 所示。

单击“Next”按钮，在打开界面的“Dependencies”列表框中可以选择需要添加的依赖，并且等到项目生成时，这些依赖将会自动添加到 pom.xml 文件中。在此选择“Spring Web”依赖，单击“Finish”按钮，如图 1.12 所示。

当项目创建完成时，开发人员可以直接编写 Controller 层代码，无须添加依赖和启动类。此方式较为简便，之后的示例都将采用此方式创建 Spring Boot 项目。

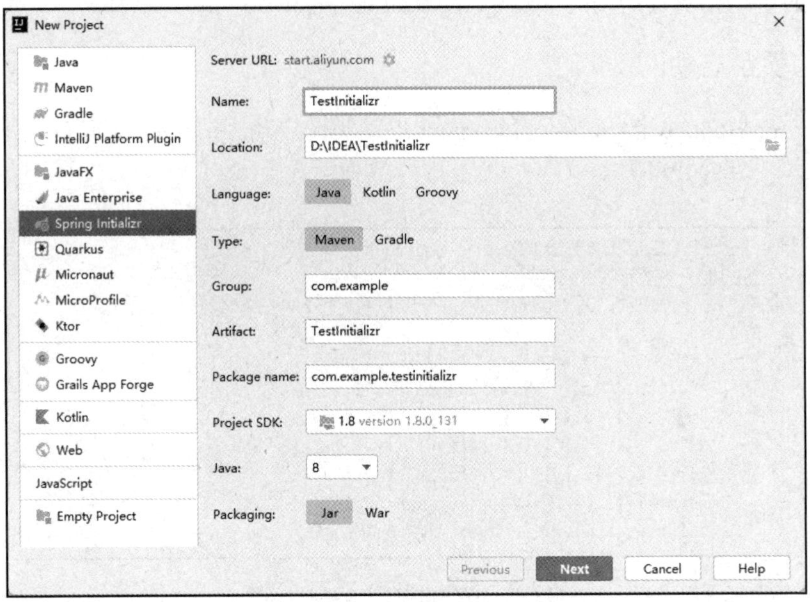

图 1.11　Spring Initializr 对应的界面

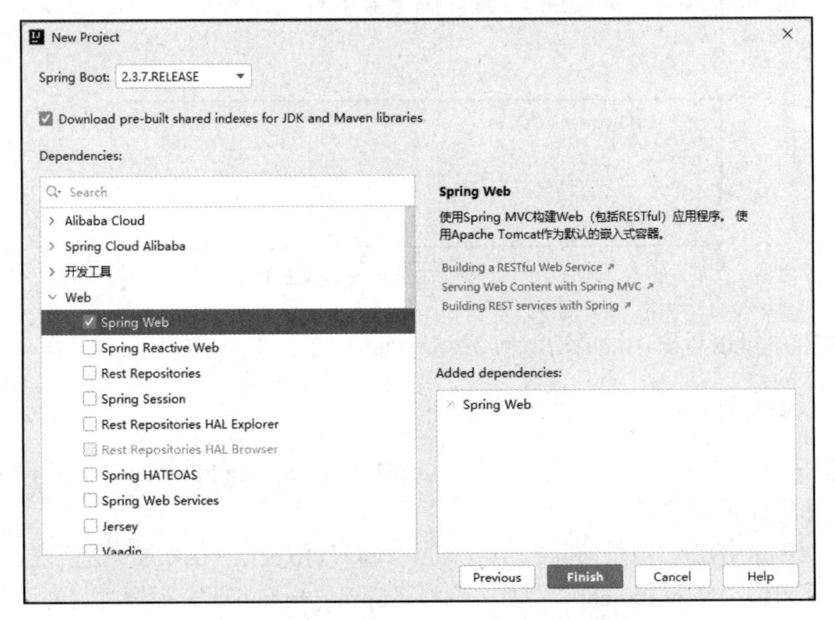

图 1.12　Spring Initializr 依赖选择界面

1.3.5　项目打包

在编写完成一个 Spring Boot 项目后，开发人员可以直接使用 Maven 选项将其打成 JAR 包。首先单击 IDEA 右侧的“Maven”选项，然后单击“Lifecycle”下的“package”进行打包。等待打包完成后，在控制台相应的目录下即可看到该项目所打成的 JAR 包，如图 1.13 所示。

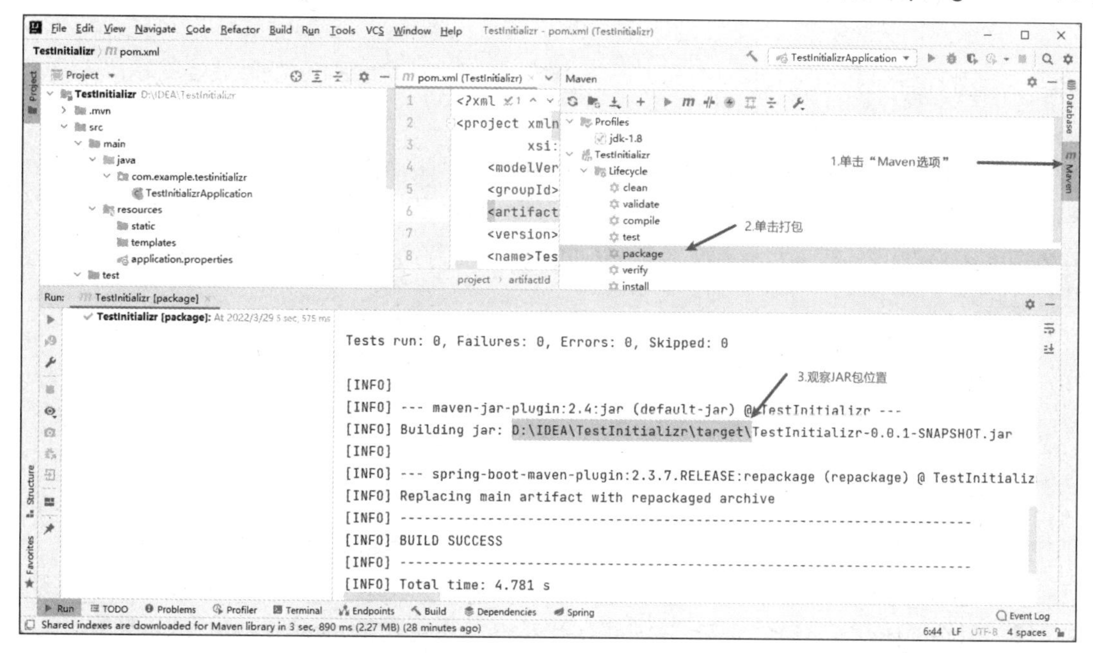

图 1.13　Spring Boot 项目的打包

找到 JAR 包所在的目录，在资源管理器的地址栏中输入“cmd”，如图 1.14 所示，按回车键即可打开控制台。

cmd

名称	修改日期	类型	大小
classes	2022/3/29 11:07	文件夹	
generated-sources	2022/3/29 11:07	文件夹	
generated-test-sources	2022/3/29 11:07	文件夹	
maven-archiver	2022/3/29 11:07	文件夹	
maven-status	2022/3/29 11:07	文件夹	
test-classes	2022/3/29 11:07	文件夹	
TestInitializr-0.0.1-SNAPSHOT.jar	2022/3/29 11:07	Executable Jar File	16,180 KB
TestInitializr-0.0.1-SNAPSHOT.jar.orig...	2022/3/29 11:07	ORIGINAL 文件	4 KB

图 1.14　调用控制台

在控制台中输入“java -jar 项目 JAR 包名”即可运行 Spring Boot 项目，如图 1.15 所示。

图 1.15　Spring Boot 项目的打包运行

1.4 本章小结

本章主要介绍了 Spring Boot 项目所需的配置环境，以及创建 Spring Boot 项目的基本过程。在创建 Spring Boot 项目时，首先需要配置 Maven 环境，然后使用 Spring Initializr 一键创建 Spring Boot 项目，创建完后，需要在 settings.xml 文件中为 Spring Boot 项目完善 Maven 的相关配置。

1.5 习题

1. 填空题

（1）Spring Boot 使用________来简化开发中的配置，使得其相对 Spring 更加便捷。

（2）Spring Boot 可以作为微服务的________，多个________的连接最终形成了微服务。

（3）Spring Boot 含有________，因此在开发中无须配置 Tomcat 等其他 Web 服务器。

2. 选择题

（1）在以下选项中，哪个是 Spring Boot 的优点（多选）？（　　）

A．可以通过启动器一键式构建项目 B．简化了与第三方工具的集成方法

C．无须打包即可快速部署　　　　　D．使用自动配置类简化配置的编写

（2）关于 Spring Boot，下列描述错误的是（　　）。

A．每个 Spring Boot 应用都可以当作一个独立的小型服务

B．提供生产级别的监控

C．打包部署时，无须配置 Tomcat 服务器

D．在运行 Spring Boot 应用时，无须编写配置文件

（3）关于 IDEA 中 Maven 的配置，下列说法正确的是（　　）。

A．在使用 Maven 前，必须在 Maven 的 setting.xml 文件中配置仓库所处的位置

B．Maven 相关的配置处于“Settings”→“Build”→“Build Tools”→“Maven”目录下

C．Maven 配置页中，只需指定 Maven 的 settings.xml 文件和仓库位置即可

D．Maven 配置页中，只需指定 Maven home path，仓库位置与 settings.xml 文件的位置可以根据指定的 home path 来确定

3. 思考题

（1）简述 Spring Boot 与 Spring 的不同。

（2）简述 Spring 的创建方式。

第2章 Spring Boot 基础

本章学习目标

- 了解 Spring Boot 的常用注解
- 了解 Spring Boot 配置环境的切换。
- 了解 Spring Boot 的依赖结构。
- 掌握 Spring Boot 的自动装配原理。
- 掌握 Spring Boot 的 YAML 配置。

Spring Boot 不仅可以实现低配置，还可以实现统一版本管理，这些都是因为其集成了许多自动配置类、实现了版本仲裁。本章首先列举开发中常用的注解（这些注解是理解自动配置原理的关键），然后介绍 Spring Boot 的配置文件，随后介绍 Spring Boot 的依赖管理，最后介绍 Spring Boot 的自动装配原理。Spring Boot 的自动装配原理较为复杂，因此，在后面的章节中，我们会配合实例对其进行详细讲解。本章内容属于 Spring Boot 的核心知识，需要读者重点掌握。

2.1 常用注解

2.1.1 容器注入注解

1. @Configuration 注解

使用@Configuration 注解标注的类会自动加入容器中并作为配置类。此注解与@Service 和@Controller 注解类似，实际作用均为将被标注类加入容器，不同之处在于@Configuration 注解标注的类通常表示一个配置类，而@Service 和@Controller 注解标注的类分别表示业务类和控制器类。

2. @Bean 注解

@Bean 注解标注在方法上，表示将此方法的返回值加入容器中。编写示例，创建 ConfigurationTest 类，代码如例 2-1 所示。

【例 2-1】ConfigurationTest.java 类

```
1.  @Configuration
2.  public class ConfigurationTest {
3.
4.      @Bean
5.      public Student setStudent(){
6.          return new Student();
7.      }
8.  }
```

在例 2-1 中，第 1 行代码使用@Configuration 注解标注此类为配置类；第 4 行代码使用@Bean 注解标注了 setStudent()方法，该方法的返回值是 Student 类型，则返回的 Student 对象将会被添加到容器中。

3. @Import 注解

@Import 注解表示向容器中导入一个类，需要导入的类可以在@Import 注解中直接指定。编写示例，创建 ImportTest 类，代码如下所示。

```
@Import(Student.class)
@Component
public class ImportTest {
}
```

在以上代码中，ImportTest 类上方标注了@Import 注解，@Import 注解参数为 Student.class，表示当 ImportTest 类被 Spring 管理时，Spring 会把 Student 类也加入容器。

@Import 注解不仅可以实现直接向容器中添加一个类，还可以通过添加 ImportSelector 接口的实现类来实现向容器中批量添加类。编写示例，创建 ImportSelectorTest 类，并使其实现 ImportSelector 接口，代码如例 2-2 所示。

【例 2-2】ImportSelectorTest.java 类

```
1.  public class ImportSelectorTest implements ImportSelector {
2.      @Override
3.      public String[] selectImports(AnnotationMetadata annotationMetadata) {
4.          return new String[]{"com.example.testAnnotation.Student"};
5.      }
6.  }
```

在例 2-2 中，ImportSelectorTest 类覆盖了 selectImports()方法，此方法返回值是一个 String 数组，数组中存储类的全限定名，此处数组元素为 Student 类的全限定名。实际开发中，根据需要，可以返回多个类的全限定名构成的数组。

如果例 2-2 中的 ImportSelectorTest 类被@Import 注解导入，则此类中 selectImports()方法返回的所有全限定名指向的类都将被加入容器中。编写示例，在 ImportTest 类上方的@Import 注解中添加 ImportSelectorTest.class，代码如下所示。

```
@Import({ImportSelectorTest.class})
@Component
public class ImportTest {
}
```

在以上代码中，@Import 注解发现导入的类中存在 ImportSelector 接口的实现类，这样会将实现类的 selectImports()方法的返回值对应的类都添加到 Spring 容器中。

4. @Conditional 注解

@Conditional 注解是一个条件注解，它标注在类上或用@Bean 注解标注的方法上，表明只有当满足一定条件时，类才会被加入容器。编写示例，在目录中创建 ConditionalTest 类，代码如例 2-3 所示。

【例 2-3】ConditionalTest.java 类

```
1.  @Configuration
2.  public class ConditionalTest {
3.
4.      @Bean
5.      @Conditional(MyConditional.class)
6.      public Student getConditionalTest(){
7.          return new Student("ads");
8.      }
9.  }
```

在例 2-3 代码中，第 5 行代码使用@Conditional 注解标注了 getConditionalTest()方法，当符合 MyConditional 类中所给的条件后，Student 类将会被加入容器中；如果不符合 MyConditional 类中所给的条件，则 Student 类将不会被加入容器中。

编写 MyConditional 类，代码如例 2-4 所示。

【例 2-4】MyConditional.java 类

```
1.  public class MyConditional implements Condition {
2.      @Override
3.      public boolean matches(ConditionContext conditionContext,
4.                              AnnotatedTypeMetadata annotatedTypeMetadata) {
5.          //编写条件
6.          if(1!=1){
7.              return true;
8.          }else {
9.              return false;
10.         }
11.     }
12. }
```

在例 2-4 中，MyConditional 实现了 Condition 接口，覆盖 matches()方法，若 matches()方法返回值为 true，则@Conditional 不做干扰，例 2-3 中的 Student 类可以正常添加；如果 matches()方法返回值为 false，则@Conditional 进行干扰，例 2-3 中的 Student 类不能被添加到容器中。

2.1.2 配置文件注解

1. @ConfigurationProperties 注解

@ConfigurationProperties 注解标注在类上方，用于将配置文件中的属性值自动注入类的属性中。编写示例，在目录中创建 TestConfigurationProperties 类，代码如例 2-5 所示。

【例 2-5】TestConfigurationProperties.java 类

```
1.  @ConfigurationProperties(prefix="properties")
2.  @Component
3.  @Data
```

```
4.  public class TestConfigurationProperties {
5.      String name;
6.      String address;
7.  }
```

在例 2-5 中，需要对 name 和 address 属性进行赋值，相应的值放在 Spring Boot 的属性配置文件中，第 1 行代码使用@ConfigurationProperties 注解引用配置文件中的内容，prefix 属性代表此类中属性的前缀。接下来，编写 Spring Boot 的属性配置文件 application、properties，代码如下所示。

```
properties.name=zhansan
properties.address=tianhe
```

在以上代码中，可以看到以 properties 为前缀配置 name 与 address 属性。当类上方的@ConfigurationProperties 注解生效后，配置文件中的 name 和 address 属性对应的值将会被分别注入类的 name 和 address 属性中。配置完成后，测试结果，编写启动类代码，代码如例 2-6 所示。

【例 2-6】TestInitializrApplication.java 类

```
1.  @SpringBootApplication
2.  public class TestInitializrApplication {
3.      public static void main(String[] args) {
4.          ConfigurableApplicationContext run=
5.                SpringApplication.run(TestInitializrApplication.class, args);
6.          TestConfigurationProperties testConfigurationProperties=
7.  (TestConfigurationProperties) run.getBean("testConfigurationProperties");
8.          System.out.println(testConfigurationProperties);
9.      }
10. }
```

启动类中 SpringApplication.run()返回值是 ApplicationContext 容器的子类，因此，调用 getBean()方法获取容器中的 testConfigurationProperties 对象并输出，结果如下所示。

```
TestConfigurationProperties(name=zhansan, address=tianhe)
```

从以上输出结果可以看出，属性赋值成功。

此外，在例 2-5 的第 3 行代码使用了@Data 注解，此注解是 lombok 包中的注解，在使用前需要添加 Maven 依赖。lombok 依赖对应的代码如下所示。

```
<dependency>
   <groupId>org.projectlombok</groupId>
   <artifactId>lombok</artifactId>
</dependency>
```

当一个类加上了@Data 注解时，此类可以省略书写 get()、set()和 toString()方法，这样更加便捷。此后的实例也将使用@Data 注解。

2. @PropertySource 注解

@PropertySource 注解负责引入外部的配置文件。如果有其他配置文件中的属性值需要导入 Spring 应用程序的环境属性中，此时可以使用@PropertySource 注解。编写示例，创建 TestPropertySource 类，代码如下所示。

```
@PropertySource("classpath:my.properties")
@Component
```

```
public class TestPropertySource {
}
```

在以上代码中，添加了@PropertySource 注解，其值为 classpath:my.properties，表示引入类路径下的 my.properties 配置文件。

在此沿用例 2-5 中的例子，在类路径下创建 my.properties，将 application.properties 配置文件中的 properties.address 属性移植到 my.properties 配置文件中，运行测试类，运行结果如下所示。

```
TestConfigurationProperties(name=zhansan, address=tianhe)
```

从以上输出结果可以看出，my.properties 文件中的内容被引入 Spring 中，@PropertySource 注解生效。

3. @Value 注解

@Value 注解标注在一个属性上，表示将配置文件中的内容直接注入此属性中。编写示例，在目录下创建 TestValue 类，代码如例 2-7 所示。

【例 2-7】TestValue.java 类

```
1.  @Component
2.  @Data
3.  public class TestValue {
4.      @Value("beijing")
5.      String address;
6.      @Value("${properties.name}")
7.      String name;
8.      @Value("#{3+7}")
9.      int age;
10. }
```

在例 2-7 中，使用@Value 注解为 address、name 和 age 属性赋值。在@Value 注解中，可以直接写入相关值注入属性，也可以通过${}来指定配置文件中的内容；当需要书写表达式时，可以使用#{}来为属性赋值。

例 2-7 中，第 4 行代码的@Value 注解直接为 address 属性赋值；第 6 行代码的@Value 注解使用${}来取配置文件中的值；第 8 行代码的@Value 注解使用#{}来编写表达式，将表达式运行的结果赋予属性。

编写测试类，运行代码，结果如下所示。

```
TestValue(address=beijing, name=zhansan, age=10)
```

从以上结果可以看出，@Value 注解成功为 name 和 age 属性赋值。

2.2 YAML 配置

YAML 是新型的配置文件语言，通常用来代替 properties 配置文件。YAML 配置文件的使用非常简单，接下来详细讲解 YAML 的配置。

2.2.1 常规配置

常规属性的配置占开发中的大多数，这种配置方式也是最简单易懂的方式。YAML 利用缩进和换行来表示层级关系，并且大小写敏感，写在 YAML 配置文件中的内容将会被一一读取到相应的类中，因此配置文件中可以配置任意格式的数据。

首先创建一个 Spring Boot 项目，在 resources 目录下创建 application.yml 文件。需要注意的是，.yml 是 YAML 的文件格式。创建完成后，在 YAML 文件中配置项目启动的端口号，如图 2.1 所示。

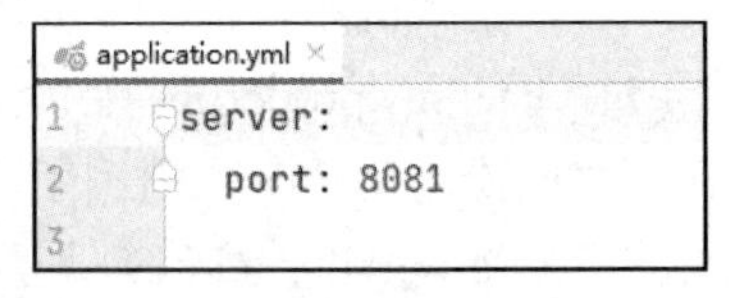

图 2.1　配置项目启动的端口号

当配置完成时，启动项目，如图 2.2 所示。

```
TomcatWebServer  : Tomcat started on port(s): 8081 (http) with context path ''
.ication         : Started TestInitializrApplication in 0.956 seconds (JVM running for 1.612)
```

图 2.2　改变端口号后启动项目

从图 2.2 中可以看出，项目的启动端口号随之改变。除此之外，还有许多其他配置，如例 2-8 所示。

【例 2-8】application.yml 文件

```
1.  spring:
2.    application:
3.      name: TestYAML
4.  server:
5.    port: 8081
6.    servlet:
7.      context-path: /TestYAML
8.      application-display-name:
9.    tomcat:
10.     uri-encoding: UTF-8
```

在例 2-8 中，context-path 表示项目启动时的访问路径，uri-encoding 表示项目使用的编码格式。这些配置等效于 properties 文件中的如下配置。

```
#应用名称
spring.application.name=TestYAML
#应用服务 Web 访问端口
server.port=8081
#服务启动路径
server.servlet.context-path=/TestYAML
#服务启动路径
server.tomcat.uri-encoding=utf-8
```

2.2.2　复杂配置

YAML 不仅可以配置常规属性，也可以配置复杂属性。下面分别展示数组、对象和 Map 集合等的 YAML 配置。

1. 创建被注入的对象

在 java 目录下创建 TestYAML 类，如例 2-9 所示。

【例 2-9】TestYAML.java 类

```
1.  @ConfigurationProperties(prefix="testyaml")
2.  @Component
```

```
3.  @Data
4.  public class TestYAML {
5.      Integer[] integer;
6.      List<Student> studentList;
7.      Student student;
8.      Map map;
9.  }
```

在例 2-9 中，第 1 行代码使用@ConfigurationProperties 注解从配置文件中取得相应的值并注入与此类同名的属性中，prefix 属性表示从配置文件中取出以“testyaml”开头的值并注入相应的属性中。

2. 创建 Student 类

在 java 目录下创建 Student 类，代码如例 2-10 所示。

【例 2-10】Student.java 类

```
1.  @Data
2.  public class Student{
3.      String name;
4.      Integer age;
5.  }
```

3. 创建 application.yml 文件

在 resources 目录下创建 application.yml 文件，代码如例 2-11 所示。

【例 2-11】application.yml 文件

```
1.  testyaml:
2.    integer:
3.      - 1
4.      - 2
5.      - 3
6.      - 4
7.    studentList:
8.      - name: wangwu
9.        age: 1
10.     - name: lisi
11.       age: 2
12.   student:
13.     name: wangwu
14.     age: 3
15.   map:
16.     key1: imkey1
17.     key2: imkey2
```

在例 2-11 中，第 1 行代码（标注 testyaml）表示接下来的缩进配置全部为 testyaml 的配置项；第 2 行代码表示 integer 属性的相关配置，其下方的 4 条数据表示配置 List 集合或数组。在 YAML 文件中，“-”表示每一个数据项。在 TestYAML 类中，integer 属性是一个数组，因此，第 3～6 行代码中的数据将会被注入例 2-9 中的 integer 属性中。

第 7 行代码表示 studentList 属性的相关配置，接下来的每个“-”符号都将表示一个数据项；第 8～9 行代码中的数据项表示一个 Student 对象，在例 2-9 的 TestYAML 类中 studentList

属性是一个 Student 类型的集合，因此，第 8～11 行代码的两个 Student 对象将会被注入 studentList 属性中。

第 12 行代码表示 student 属性的相关配置，其中含有 name 与 age 属性。在 TestYAML 类中，student 属性是一个 Student 类对象，第 13～14 行代码的 Student 对象将会被注入 student 属性中。

第 15 行代码表示 map 属性的相关配置，其中含有 key1 和 key2 两个属性，每一个属性都有对应的值。此种配置方式代表 Map 集合的配置。在 TestYAML 类中，map 属性是 Map 类型，因此，第 16～17 行代码中的数据将会被注入 map 属性中。

4．测试 YAML 配置

在配置完成后，使用 Spring Boot 提供的测试类进行测试。在 test 目录下的主测试类中注入 TestYAML 类，并将其输出，代码如例 2-12 所示。

【例 2-12】TestInitializrApplicationTests.java 测试类

```
1.  @SpringBootTest
2.  class TestInitializrApplicationTests {
3.
4.      @Autowired
5.      TestYAML testYAML;
6.
7.      @Test
8.      void contextLoads() {
9.          System.out.println(testYAML);
10.     }
11. }
```

在例 2-12 中，第 1 行代码中@SpringBootTest 注解表示给测试类应用 Spring 容器，标注@SpringBootTest 注解之后，此类的属性可以直接引用 Spring 容器中的 Bean 对象。关于测试类的详细用法将在第 5 章讲解，在此读者可以初步了解。第 7 行代码标注了@Test 注解，此注解的作用是将被标注的方法作为一个可随时执行的方法。

运行例 2-12 中的测试类，观察控制台的输出结果，如图 2.3 所示。

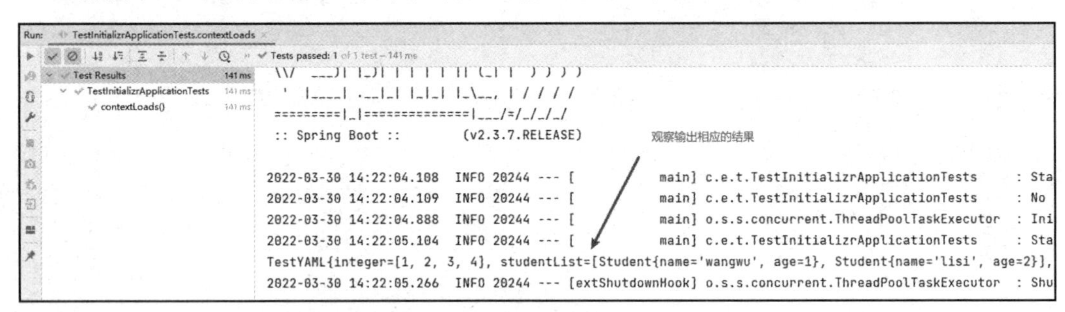

图 2.3　YAML 复杂配置的输出结果

从图 2.3 中可以看出，TestYAML 类注入成功。

2.3　配置环境切换

在日常开发中，经常遇到环境切换的问题。例如，在生产环境和测试环境下切换时，就需要更改配置文件，这样会带来不必要的麻烦。因此，Spring 3.1 版本提供了 profile。它可以让 Spring 针对不同的环境提供不同配置的功能。而在 Spring Boot 中，开发人员可以通过激活、指定参数等方式快速切换环境。本节将讲解 profile 的使用。

2.3.1　配置文件指定

Spring 通常以 application-{profile}.properties 格式来命名 profile 格式的配置文件。

在 Spring Boot 中可以将 properties 文件更改为 YAML 文件，原格式保持不变。首先在 resources 目录下创建 application.yml、application-dev.yml 和 application-pro.yml 这 3 个配置文件，然后在 application-dev.yml 和 application-pro.yml 配置文件中分别配置不同的启动端口号，代码如下所示。

```
#application-dev.yml 文件中的内容
server:
  port: 8081
#application-pro.yml 文件中的内容
server:
  port: 8080
```

随后在 application.yml 配置文件中激活配置文件，代码如下所示。

```
spring:
  profiles:
    active: dev
```

在以上代码中，使用 spring.profiles.active.{profile}即可选择激活的配置文件。配置完成后启动 Spring Boot 项目，观察项目端口号，如图 2.4 所示。

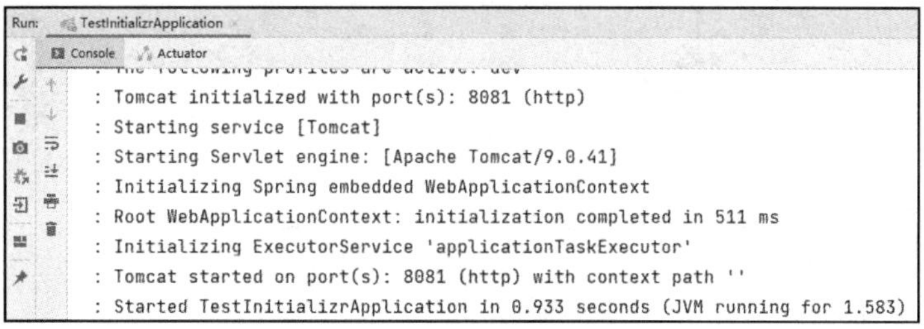

```
Run:  TestInitializrApplication
Console  Actuator
: Tomcat initialized with port(s): 8081 (http)
: Starting service [Tomcat]
: Starting Servlet engine: [Apache Tomcat/9.0.41]
: Initializing Spring embedded WebApplicationContext
: Root WebApplicationContext: initialization completed in 511 ms
: Initializing ExecutorService 'applicationTaskExecutor'
: Tomcat started on port(s): 8081 (http) with context path ''
: Started TestInitializrApplication in 0.933 seconds (JVM running for 1.583)
```

图 2.4　profile 文件配置

从图 2.4 中可以看出，项目启动的端口号是 8081，application-dev.yml 文件中的配置被激活。

当需要附加配置文件时，可以使用以下代码。

```
spring:
  profiles:
  include: 'dev'
```

此操作如果在 application.yml 中，dev 配置文件将会被放到 application.yml 中生效。

2.3.2　YAML 多文件块模式指定

当需要指定的配置较少时，我们可以在同一配置文件中以多文件模块的形式指定。编写示例，在 resources 文件夹下创建 application.yml 配置文件，代码如例 2-13 所示。

【例 2-13】application.yml

```
1.  spring:
2.    profiles:
3.      active: dev
4.  ---
5.  spring:
6.    profiles: pro
7.  server:
8.    port: 8080
9.  ---
10. spring:
11.   profiles: dev
12. server:
13.   port: 8081
```

在例 2-13 的代码中，“---”分隔符用于分隔模块，每个模块中需要写入 spring.profiles 来指定此模块所属的 profile，随后在此文件开头使用 spring.profiles.active 来指定启用的 profile。

启动 Spring Boot 项目，观察输出结果，如图 2.5 所示。

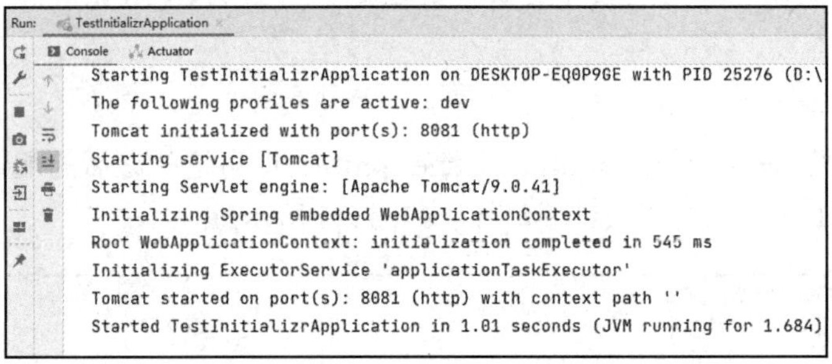

```
Run:  TestInitializrApplication
Console  Actuator
Starting TestInitializrApplication on DESKTOP-EQ0P9GE with PID 25276 (D:\
The following profiles are active: dev
Tomcat initialized with port(s): 8081 (http)
Starting service [Tomcat]
Starting Servlet engine: [Apache Tomcat/9.0.41]
Initializing Spring embedded WebApplicationContext
Root WebApplicationContext: initialization completed in 545 ms
Initializing ExecutorService 'applicationTaskExecutor'
Tomcat started on port(s): 8081 (http) with context path ''
Started TestInitializrApplication in 1.01 seconds (JVM running for 1.684)
```

图 2.5　多模块文件配置

从图 2.5 中可以看出，项目启动的端口号是 8081，dev 配置块生效。

2.4　Spring Boot 依赖管理

Spring Boot 提供了一种版本仲裁机制，用于自动管理一些依赖项的版本号，这样当需要在 Spring Boot 项目中引入依赖时，不需要添加版本号，由此避免了版本号不兼容带来的一系列问题。接下来讲述 Spring Boot 的依赖管理。

2.4.1　使用父依赖管理版本

在 pom.xml 文件中添加如下代码。

```
<parent>
    <groupId>org.springframework.boot</groupId>
    <artifactId>spring-boot-starter-parent</artifactId>
    <version>2.3.1.RELEASE</version>
    <relativePath/>
</parent>
```

在以上代码中，spring-boot-starter-parent 作为了当前项目的父模块，管理当前指定的 Spring Boot 版本所有依赖的版本。通过 spring-boot-starter-parent 上溯到顶层的项目，可以找到一个 properties 元素，里面统一管理 Spring 框架和所有依赖到第三方组件的版本号，如图 2.6 所示。

```
spring-boot-dependencies-2.3.1.RELEASE.pom
34    <issueManagement...>
38    <properties>
39      <activemq.version>5.15.12</activemq.version>
40      <antlr2.version>2.7.7</antlr2.version>
41      <appengine-sdk.version>1.9.80</appengine-sdk.version>
42      <artemis.version>2.12.0</artemis.version>
43      <aspectj.version>1.9.5</aspectj.version>
44      <assertj.version>3.16.1</assertj.version>
45      <atomikos.version>4.0.6</atomikos.version>
46      <awaitility.version>4.0.3</awaitility.version>
47      <bitronix.version>2.1.4</bitronix.version>
48      <build-helper-maven-plugin.version>3.1.0</build-helper-maven-plugin.version>
49      <byte-buddy.version>1.10.11</byte-buddy.version>
50      <caffeine.version>2.8.4</caffeine.version>
51      <cassandra-driver.version>4.6.1</cassandra-driver.version>
52      <classmate.version>1.5.1</classmate.version>
53      <commons-codec.version>1.14</commons-codec.version>
```

图 2.6　Spring Boot 版本管理

如图 2.6 所示，这样就能确保对于一个 Spring Boot 版本，引入的其他 starter 不再需要指定版本，也避免了不同版本之间不兼容引起的冲突。

2.4.2　使用 dependencyManagement 管理版本

使用父依赖来管理版本的方式并不灵活。在分布式环境中，项目需要引入一个父依赖，此父依赖管理子项目中所有的依赖，因此子项目不能再引入 Spring Boot 的版本管理父依赖，使用父依赖来管理版本的方式也就不能再使用。这里推荐使用另一种方式：通过 dependencyManagement 管理版本。

在 pom.xml 中添加如下代码。

```
<dependencyManagement>
    <dependencies>
        <dependency>
            <groupId>org.springframework.boot</groupId>
            <artifactId>spring-boot-dependencies</artifactId>
            <version>${spring-boot.version}</version>
            <type>pom</type>
            <scope>import</scope>
        </dependency>
    </dependencies>
</dependencyManagement>
```

dependencyManagement 元素提供了一种管理依赖版本号的方式，在此元素中声明依赖的 JAR 包的版本号等信息，所有项目再次引入依赖包时，将无须显式地标注版本号。

在以上代码中，spring-boot-dependencies 依赖中存在许多 properties 配置，如图 2.7 所示。

```
spring-boot-dependencies-2.3.7.RELEASE.pom
28    <properties>
29        <activemq.version>5.15.14</activemq.version>
30        <antlr2.version>2.7.7</antlr2.version>
31        <appengine-sdk.version>1.9.83</appengine-sdk.version>
32        <artemis.version>2.12.0</artemis.version>
33        <aspectj.version>1.9.6</aspectj.version>
34        <assertj.version>3.16.1</assertj.version>
35        <atomikos.version>4.0.6</atomikos.version>
36        <awaitility.version>4.0.3</awaitility.version>
37        <bitronix.version>2.1.4</bitronix.version>
38        <build-helper-maven-plugin.version>3.1.0</build-helper-maven-plugin.version>
39        <byte-buddy.version>1.10.18</byte-buddy.version>
```

图 2.7 properties 配置

子项目中的依赖在不标明版本号的情况下将使用 properties 配置中对应的版本号。

如果本项目中 dependencies 里的 dependency 没有声明 version 元素，那么 Maven 就会向本项目的 dependencyManagement 中寻找该 artifactId 和 groupId 的版本声明；如果有，就使用此版本号。

2.5 Spring Boot 自动装配原理

Spring Boot 一键式启动使开发变得更加便捷，而这些都归功于 Spring Boot 的自动配置类。在 Spring Boot 中，有许多的自动配置类帮助开发人员完成必要的配置。本节将带领读者初步了解 Spring Boot 的自动配置原理，使读者对 Spring Boot 有更深层次的理解。

2.5.1 Spring Boot 加载步骤

Spring Boot 在启动容器时，给容器导入了很多自动配置类。在 Spring Boot 启动类上方标注了@SpringBootApplication 注解，此注解内部如图 2.8 所示。

```
@Target({ElementType.TYPE})
@Retention(RetentionPolicy.RUNTIME)
@Documented
@Inherited
@SpringBootConfiguration
@EnableAutoConfiguration
@ComponentScan(
    excludeFilters = {@Filter(
    type = FilterType.CUSTOM,
    classes = {TypeExcludeFilter.class}
), @Filter(
    type = FilterType.CUSTOM,
    classes = {AutoConfigurationExcludeFilter.class}
)}
)
public @interface SpringBootApplication {
```

图 2.8 @SpringBootApplication 注解

观察图 2.8，在@SpringBootApplication 注解上方标注了@EnableAutoConfiguration 注解，此注解内部如图 2.9 所示。

```
@Target({ElementType.TYPE})
@Retention(RetentionPolicy.RUNTIME)
@Documented
@Inherited
@AutoConfigurationPackage
@Import({AutoConfigurationImportSelector.class})
public @interface EnableAutoConfiguration {
    String ENABLED_OVERRIDE_PROPERTY = "spring.boot.enableautoconfiguration";

    Class<?>[] exclude() default {};

    String[] excludeName() default {};
}
```

图 2.9 @EnableAutoConfiguration 注解

图 2.9 中使用@Import 注解向容器中导入了一个 AutoConfigurationImportSelector 类。此类是 ImportSelector 接口的子类，其返回值是一个 String 数组。@Import 注解将会把所有 String 数组对应的返回值添加到容器中。

在 AutoConfigurationImportSelector 类中存在一个 getCandidateConfigurations()方法。此方法从 META-INF/spring.factories 路径寻找自动配置类，并将其放入容器。META-INF/spring.factories 下的自动配置类如图 2.10 所示。

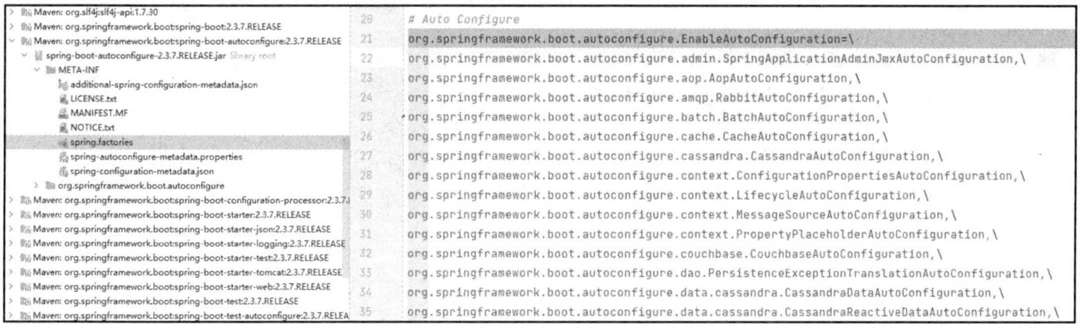

```
# Auto Configure
org.springframework.boot.autoconfigure.EnableAutoConfiguration=\
org.springframework.boot.autoconfigure.admin.SpringApplicationAdminJmxAutoConfiguration,\
org.springframework.boot.autoconfigure.aop.AopAutoConfiguration,\
org.springframework.boot.autoconfigure.amqp.RabbitAutoConfiguration,\
org.springframework.boot.autoconfigure.batch.BatchAutoConfiguration,\
org.springframework.boot.autoconfigure.cache.CacheAutoConfiguration,\
org.springframework.boot.autoconfigure.cassandra.CassandraAutoConfiguration,\
org.springframework.boot.autoconfigure.context.ConfigurationPropertiesAutoConfiguration,\
org.springframework.boot.autoconfigure.context.LifecycleAutoConfiguration,\
org.springframework.boot.autoconfigure.context.MessageSourceAutoConfiguration,\
org.springframework.boot.autoconfigure.context.PropertyPlaceholderAutoConfiguration,\
org.springframework.boot.autoconfigure.couchbase.CouchbaseAutoConfiguration,\
org.springframework.boot.autoconfigure.dao.PersistenceExceptionTranslationAutoConfiguration,\
org.springframework.boot.autoconfigure.data.cassandra.CassandraDataAutoConfiguration,\
org.springframework.boot.autoconfigure.data.cassandra.CassandraReactiveDataAutoConfiguration,\
```

图 2.10 自动配置类

从图 2.10 中可以看出，每一个自动配置类都以 AutoConfiguration 结尾。

2.5.2 Spring Boot 的自动配置类

为了使读者了解 AutoConfiguration 的加载原理，在此以 DataSourceAutoConfiguration 为例，讲解自动配置的具体流程。在原始 Spring 项目中，开发人员需要导入 DataSource 的类，代码如下所示。

```
<dataSource type="POOLED">
      <!--配置数据库连接驱动-->
      <property name="driver" value="com.mysql.cj.jdbc.Driver"/>
         <!--配置数据库连接地址-->
         <property name="url"
             value="jdbc:mysql://127.0.0.1/test?
                   characterEncoding=utf8&amp;
                   useSSL=false&amp;
                   serverTimezone=UTC&amp;
```

```
                    allowPublicKeyRetrieval=true"/>
        <!--配置用户名-->
        <property name="username" value="root"/>
        <!--配置密码-->
        <property name="password" value="******"/>
</dataSource>
```

而在 Spring Boot 中，DataSourceAutoConfiguration 自动配置类帮助开发人员自动配置了数据源的属性，开发人员只需在配置文件中配置数据库的连接属性，就可以自动构造 DataSource 对象。进入 DataSourceAutoConfiguration 类，此类如图 2.11 所示。

```
@Configuration(
    proxyBeanMethods = false
)
@ConditionalOnClass({DataSource.class, EmbeddedDatabaseType.class})
@ConditionalOnMissingBean(
    type = {"io.r2dbc.spi.ConnectionFactory"}
)
@EnableConfigurationProperties({DataSourceProperties.class})
@Import({DataSourcePoolMetadataProvidersConfiguration.class, DataSourceInitializationConfiguration.class})
public class DataSourceAutoConfiguration {
```

图 2.11　DataSourceAutoConfiguration 类

在图 2.11 中，需要额外注意两个注解，分别为@EnableConfigurationProperties 注解和@ConditionalOnClass 注解。

1. @EnableConfigurationProperties

@EnableConfigurationProperties 注解负责将被@ConfigurationProperties 注解标注的类加入容器，在此处被加入容器中的类是 DataSourceProperties 全限定名对应的类，此类部分源码如图 2.12 所示。

```
@ConfigurationProperties(
    prefix = "spring.datasource"
)
public class DataSourceProperties implements BeanClassLoaderAware, InitializingBean {
    private ClassLoader classLoader;
    private String name;
    private boolean generateUniqueName = true;
    private Class<? extends DataSource> type;
    private String driverClassName;
    private String url;
    private String username;
    private String password;
    private String jndiName;
    private DataSourceInitializationMode initializationMode;
    private String platform;
```

图 2.12　DataSourceProperties 类

从图 2.12 中可以看出，DataSourceProperties 类使用@ConfigurationProperties 注解，将配置文件中以“spring.datasource”开头的配置导入了此类中。这就意味着，开发人员只需在配置文件中配置如下代码即可完成 DataSource 的赋值。

```
spring:
  datasource:
```

```
driver-class-name: com.mysql.cj.jdbc.Driver
username: root
password: root
url: jdbc:mysql://127.0.0.1:3306/student?
     useSSL=false&serverTimezone=UTC&allowPublicKeyRetrieval=true
     &rewriteBatchedStatements=true
```

2. @ConditionalOnClass

Spring Boot 内置了许多的 Conditional 注解，这些注解表明了被此注解标注的类只有在满足一定条件时才生效。@ConditionalOnClass 注解表示只有当某个 Class 处于类路径上时，才会实例化被注解的 Bean。

从图 2.11 中可以看出，DataSourceAutoConfiguration 自动配置类只有当 DataSource 类和 EmbeddedDatabaseType 类存在时才会生效，也就是项目必须导入与数据库相关的依赖时，此 DataSourceAutoConfiguration 自动配置类才会生效。

除去@ConditionalOnClass 注解，Spring Boot 还提供了一系列的 Conditional 注解，如表 2.1 所示。

表 2.1　　Conditional 注解

注解	解释
@ConditionalOnBean	仅在当前上下文中存在某个对象时，才会实例化 Bean
@ConditionalOnExpression	当表达式为 true 时，才会实例化 Bean
@ConditionalOnMissingBean	在当前上下文中不存在某个对象时，才会实例化 Bean
@ConditionalOnMissingClass	当类路径上不存在某个 Class 时，才会实例化 Bean
@ConditionalOnNotWebApplication	此项目不是 Web 应用时，才会实例化 Bean

通过 Conditional 注解的控制，可以做到灵活地配置自动配置类，将需要添加的配置添加容器中。

2.6　本章小结

本章首先讲解了一些与 Spring 相关的注解。这些注解为后续理解自动装配的原理提供了帮助，然后讲解了 Spring Boot 中的 YAML 配置，YAML 配置相较于 properties 文件配置操作上更加简洁、方便，随后介绍了 YAML 文件的环境配置，为企业级开发的环境切换奠定了基础，最后讲解了 Spring Boot 的依赖管理和 Spring Boot 的自动装配原理，这两个知识点需要读者深入理解。

2.7　习题

1. 填空题

（1）Spring Boot 使用________注解来决定在符合某个条件时，将类加入容器中。

（2）Spring Boot 可以使用________或者________来管理统一的依赖版本。

2. 选择题

（1）在以下注解中，不可以将对象加入 Spring 容器中的是（　　）。

A．@ConfigurationProperties　　B．@Bean

C．@Import　　D．@Configuration

（2）下列哪项不符合 Spring Boot 规定的配置文件格式？（　　）

A．aplication.ymal　　B．application-dev.yml

C．application.dev.yml　　D．aplication.yml

（3）关于 Spring Boot 自动配置原理，下列说法错误的是（　　）。

A．自动配置原理是通过自动配置类来实现的

B．@ConfigurationProperties 注解可以从配置文件中获取相应参数，并赋予类中的属性

C．当项目启动时，Spring Boot 会从 META-INF/spring.factories 文件中寻找并加载所有的自动配置类

D．@ConditionalOnMissingBean 表示当 Spring 容器中含有某个 Bean 时，将此类加入容器

3. 思考题

（1）简述 Spring Boot 的自动配置原理。

（2）Spring Boot 怎样引用外部配置文件或 Spring Boot 配置文件中的参数。

（3）向容器中添加 Bean 对象的注解有哪些？

第 3 章 Spring Boot 的数据访问

本章学习目标

- 了解 JdbcTemplate 的使用。
- 了解 Spring Boot 的数据源管理。
- 了解 Spring Boot 的 Redis 集群部署。
- 掌握 Spring Boot 与 MyBatis 的整合。

数据访问是业务的核心点，Spring Boot 中对常见的持久层框架提供了自动配置类。在第 2 章讲解了关于数据访问层的自动配置类、了解了 Spring Boot 关于自动化配置的原理，本章将介绍 Spring Boot 关于 MyBatis 框架的整合，以及使用 Spring Boot 进行数据库操作的方法。除此之外，本章还介绍了 Spring Boot 与 Redis 数据库的整合，使读者熟练掌握企业级开发中 NoSQL 数据库的使用。

3.1 数据源的自动配置

数据源是访问数据库必不可少的一部分，Spring Boot 中允许使用自动配置类来配置数据源。本节将带领读者使用 Spring 配置的 JdbcTemplate 进行数据库操作。

3.1.1 JdbcTemplate 的自动配置

在 META-INF/spring.factories 目录下存在 JdbcTemplateAutoConfiguration.java 自动配置类，如图 3.1 所示。

```
spring.factories    JdbcTemplateAutoConfiguration.class
73  org.springframework.boot.autoconfigure.http.HttpMessageConvertersAutoConfiguration,\
74  org.springframework.boot.autoconfigure.http.codec.CodecsAutoConfiguration,\
75  org.springframework.boot.autoconfigure.influx.InfluxDbAutoConfiguration,\
76  org.springframework.boot.autoconfigure.info.ProjectInfoAutoConfiguration,\
77  org.springframework.boot.autoconfigure.integration.IntegrationAutoConfiguration,\
78  org.springframework.boot.autoconfigure.jackson.JacksonAutoConfiguration,\
79  org.springframework.boot.autoconfigure.jdbc.DataSourceAutoConfiguration,\
80  org.springframework.boot.autoconfigure.jdbc.JdbcTemplateAutoConfiguration,\
```

JdbcTemplate

图 3.1 JdbcTemplateAutoConfiguration 类

从图 3.1 中可以看出，在 DataSourceAutoConfiguration 类中配置了有关 DataSourceAuto Configuration 的数据源，紧跟其后的就是 JdbcTemplateAutoConfiguration 类，此类中配置了有关 JdbcTemplate 的自动配置，代码如例 3-1 所示。

【例 3-1】JdbcTemplateAutoConfiguration.java 类

```
1.  @Configuration(
2.      proxyBeanMethods=false
3.  )
4.  @ConditionalOnClass({DataSource.class, JdbcTemplate.class})
5.  @ConditionalOnSingleCandidate(DataSource.class)
6.  @AutoConfigureAfter({DataSourceAutoConfiguration.class})
7.  @EnableConfigurationProperties({JdbcProperties.class})
8.  @Import({JdbcTemplateConfiguration.class,
9.           NamedParameterJdbcTemplateConfiguration.class})
10. public class JdbcTemplateAutoConfiguration {
11.     public JdbcTemplateAutoConfiguration() {
12.     }
13. }
```

下面详细讲解例 3-1 代码中的有关代码。

在例 3-1 中，第 4 行代码使用@ConditionalOnClass 注解来限定此类生效的条件，在此表示当有 DataSource 类和 JdbcTemplate 类时，此类生效；第 6 行代码使用@AutoConfigureAfter 注解限定自动配置类的生效顺序，表示此类在 DataSourceAutoConfiguration 类配置完成后生效；第 8 行代码使用@Import 注解来导入 JdbcTemplateConfiguration 对象，此对象的代码如例 3-2 所示。

【例 3-2】JdbcTemplateConfiguration.java 类

```
1.  @Configuration(
2.      proxyBeanMethods=false
3.  )
4.  @ConditionalOnMissingBean({JdbcOperations.class})
5.  class JdbcTemplateConfiguration {
6.      JdbcTemplateConfiguration() {
7.      }
8.  
9.      @Bean
10.     @Primary
11.     JdbcTemplate jdbcTemplate(
12.                     DataSource dataSource,
13.                     JdbcProperties properties
14.      ) {
15.         JdbcTemplate jdbcTemplate=new JdbcTemplate(dataSource);
16.         Template template=properties.getTemplate();
17.         jdbcTemplate.setFetchSize(template.getFetchSize());
18.         jdbcTemplate.setMaxRows(template.getMaxRows());
19.         if (template.getQueryTimeout()!=null) {
20.             jdbcTemplate.setQueryTimeout(
21.                     (int)template.getQueryTimeout().getSeconds()
22.             );
23.         }
```

```
24.        return jdbcTemplate;
25.    }
26. }
```

在例 3-2 中，jdbcTemplate()方法负责配置 JdbcTemplate 类，在其方法内部使用 DataSource AutoConfiguration 配置 DataSource 对象，创建 JdbcTemplate 对象后，设置 JdbcTemplate 对象的相关属性，最后将 JdbcTemplate 对象放到容器中。

至此，当开发人员需要使用 JdbcTemplate 时，只需在配置文件中配置数据库连接的参数，随后使用@Autowire 注解将 JdbcTemplate 注入即可。

3.1.2　JdbcTemplate 的使用

当配置好数据源后的 JdbcTemplate 对象创建并初始化后，开发人员可以使用@Autowired 注解来注入此对象。下面以一个示例来讲解 JdbcTemplate 的使用。

1．创建实体类

在 src 目录下创建实体类，代码如下所示。

```
@Data
public class TStudent {
    Integer sno;
    String password;
}
```

在以上代码中，TStudent 对象包含 sno 和 password 两个属性。

2．创建数据库表

根据实体类编写数据库表，t_student 表如图 3.2 所示。

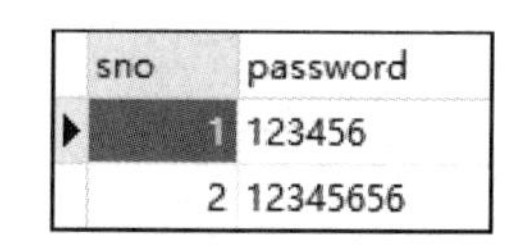

sno	password
1	123456
2	12345656

图 3.2　t_student 表

在图 3.2 中，t_student 表含有 sno 和 password 列。接下来创建测试类对其进行操作。

3．添加 Maven 依赖

在 pom.xml 文件中引入以下依赖。

```
<dependency>
    <groupId>mysql</groupId>
    <artifactId>mysql-connector-java</artifactId>
</dependency>
<dependency>
    <groupId>org.springframework.boot</groupId>
    <artifactId>spring-boot-starter-jdbc</artifactId>
</dependency>
```

在以上代码中，第一个依赖代表 MySQL 连接依赖，第二个依赖代表 JDBC 与 Spring 的依赖。

4．编写配置文件

在 application.yml 文件中添加与数据库连接相关的配置，代码如下所示。

```
spring:
  datasource:
    driver-class-name: com.mysql.cj.jdbc.Driver
    username: root
    password: root
    url: jdbc:mysql://127.0.0.1:3306/student?
         useSSL=false&serverTimezone=UTC&allowPublicKeyRetrieval=true
         &rewriteBatchedStatements=true
```

在以上代码中，以“spring.datasource”为前缀的所有配置将会被自动配置类 DataSource AutoConfiguration 中的 DataSourceProperties 类装配，随后在 JdbcTemplateConfiguration 类中，根据 DataSource 对象创建 JdbcTemplate 对象并加入容器。

5. 创建测试类

在测试文件下编写测试类，代码如例 3-3 所示。

【例 3-3】TestApplicationTests.java 类

```
1.  @SpringBootTest
2.  class TestApplicationTests {
3.
4.      @Autowired
5.      JdbcTemplate jdbcTemplate;
6.
7.      @Test
8.      void contextLoads() {
9.          RowMapper<TStudent> objectRowMapper=
10.                 new BeanPropertyRowMapper(TStudent.class);
11.         List<TStudent> query=
12.                 jdbcTemplate.query(
13.                         "select * from t_student",
14.                         objectRowMapper);
15.         query.forEach(System.out::println);
16.     }
17. }
```

在例 3-3 中，第 4 行代码使用@Autowired 注解将 Spring Boot 自动装配完成的 JdbcTemplate 注入。随后，开发人员可以直接使用 JdbcTemplate 进行相关操作，在此举例查询 t_student 表中的内容，第 11～14 行代码使用 JdbcTemplate 的 query()方法查询数据库中的数据，然后在第 15 行代码中使用流将结果输出，输出的结果如下所示。

```
TStudent(sno=1, password=123456)
TStudent(sno=2, password=12345656)
```

从以上输出结果可以看出，查询已成功。

3.2 整合 Druid 数据源

Druid 数据源是目前整合功能最全的数据源。本节讲解关于 Druid 数据源的使用，读者需要更加深入地理解 Spring Boot 自动配置原理，完成对默认设置的修改。

3.2.1 Spring Boot 数据源管理

在使用数据源时，默认会对数据源进行包装，使它能够更好地利用连接资源和处理请求。Spring Boot 默认选用 HikariDataSource 来处理数据库连接。接下来分析 Spring Boot 对数据源的管理，观察 DataSourceAutoConfiguration 类中的 PooledDataSourceConfiguration 内部类。内部类代码如例 3-4 所示。

【例 3-4】PooledDataSourceConfiguration.java 类

```
1.  @Configuration(
2.          proxyBeanMethods=false
3.  )
4.  @Conditional({
5.          DataSourceAutoConfiguration.PooledDataSourceCondition.class
6.  })
7.  @ConditionalOnMissingBean({DataSource.class, XADataSource.class})
8.  @Import({Hikari.class,
9.                  Tomcat.class,
10.                 Dbcp2.class,
11.                 Generic.class,
12.                 DataSourceJmxConfiguration.class})
13. protected static class PooledDataSourceConfiguration {
14.     protected PooledDataSourceConfiguration() {
15.     }
16. }
```

在例 3-4 中，第 7 行代码使用@ConditionalOnMissingBean 注解来判断此时容器中是否存在 DataSource，如果存在则不启用此类，如果不存在则启用此类。

如果开发人员没有配置额外的 DataSource，则 PooledDataSourceConfiguration 类将会生效，随后@Import 注解向容器添加 Hikari 类，此类代码如例 3-5 所示。

【例 3-5】Hikari.java 类

```
1.  static class Hikari {
2.      Hikari() {
3.      }
4.
5.      @Bean
6.      @ConfigurationProperties(
7.              prefix="spring.datasource.hikari"
8.      )
9.      HikariDataSource dataSource(DataSourceProperties properties) {
10.         HikariDataSource dataSource=(HikariDataSource)
11.                 DataSourceConfiguration.createDataSource(
12.                         properties,
13.                         HikariDataSource.class
14.                 );
15.         if (StringUtils.hasText(properties.getName())) {
16.             dataSource.setPoolName(properties.getName());
17.         }
18.
```

```
19.         return dataSource;
20.     }
21. }
```

在例 3-5 中，第 5 行代码使用@Bean 注解标注 dataSource()方法，则此方法的返回值 HikariDataSource 类将会被加入容器中；此外，第 6 行代码中的@ConfigurationProperties 会从配置文件中取出以“spring.datasource.hikari”开头的配置，注入 HikariDataSource 类中。

综上所述，若开发人员没有向容器中添加 DataSource 对象，Spring Boot 将使用 HikariDataSource 作为数据库连接的数据源，并且在配置文件中可以通过 spring.datasource.hikari 来配置此数据源的相关属性。

3.2.2 引入 Druid 数据源

在此，读者大概了解了 Spring Boot 对数据源的管理。在 Spring Boot 中，只需向容器中添加任意 DataSource，就可以使 HikariDataSource 失效，从而使用户给定的 DataSource 进行操作。

在此可以使用手动配置来为 Spring Boot 添加额外的 Druid 数据源，但是手动配置过于复杂，建议采用直接引入 Starter 的方式整合 Druid 数据源。

在 pom.xml 文件中添加如下代码。

```
<dependency>
    <groupId>com.alibaba</groupId>
    <artifactId>druid-spring-boot-starter</artifactId>
    <version>1.1.17</version>
</dependency>
```

以上代码是 Spring Boot 与 Druid 整合的依赖。当引入此依赖后，在 META-INF/spring.factory 文件中将会额外引入 DruidDataSourceAutoConfigure 类，如图 3.3 所示。

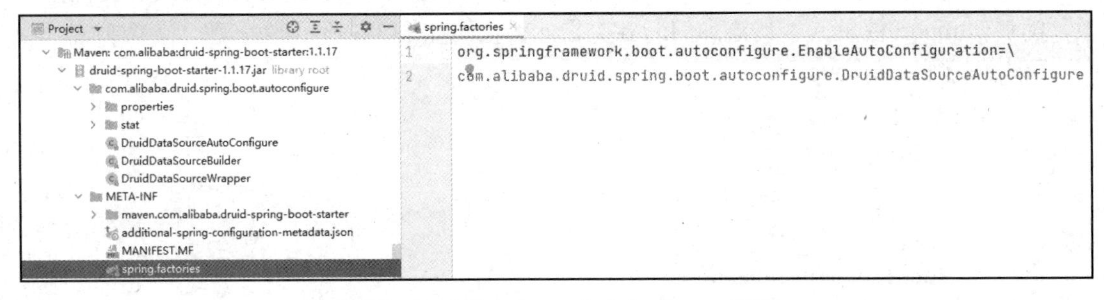

图 3.3 DruidDataSourceAutoConfigure 配置

在 DruidDataSourceAutoConfigure 配置类中，存在如下注解。

```
@AutoConfigureBefore({DataSourceAutoConfiguration.class})
```

在以上代码中，使用@AutoConfigureBefore 注解来保证在 DataSourceAutoConfiguration 类生效之前配置此类，因为只有此类配置完成，DataSourceAutoConfiguration 类才会检测到容器中的 DataSource 对象。关于其详细的配置，感兴趣的读者可以自行查阅。

综上所述，开发人员需要做的是添加 Druid 数据库依赖。添加完成后，Spring Boot 将通过自动配置类启用此数据源。

3.3　整合 MyBatis

MyBatis 作为强大的 ORM 框架，Spring Boot 对其也做了集成。为了让读者了解 Spring Boot 与 MyBatis 整合的关键，在此先介绍 MyBatis 的集成原理，然后带领读者在 Spring Boot 中使用 MyBatis。

3.3.1　引入 MyBatis 框架启动器

MyBatis 提供了由 Spring Boot 集成的 starter 启动器，在 pom.xml 中引入 MyBatis 的启动器，代码如下所示。

```
<dependency>
    <groupId>org.mybatis.spring.boot</groupId>
    <artifactId>mybatis-spring-boot-starter</artifactId>
    <version>2.1.4</version>
</dependency>
```

在引入 mybatis-spring-boot-starter 后，依赖中包含了 mybatis-spring-boot-autoconfigure，此依赖负责配置 MyBatis 的自动配置。在此细心的读者可以发现，所有与 Spring Boot 整合的依赖都会配置 XXX-autoconfigure 来进行自动装配。

在 mybatis-spring-boot-autoconfigure 依赖的 spring.factories 文件中，查看引入的自动配置类，如图 3.4 所示。

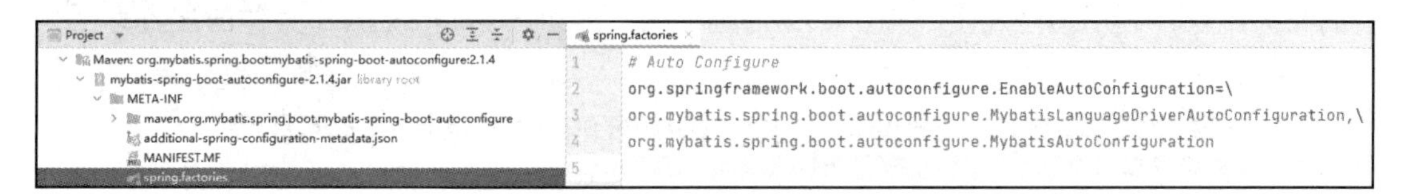

图 3.4　mybatis-spring-boot-autoconfigure 配置

在图 3.4 中，重点在于 MybatisAutoConfiguration 类，此类代码如下所示。

```
@Configuration
@ConditionalOnClass(
        {SqlSessionFactory.class, SqlSessionFactoryBean.class}
)
@ConditionalOnSingleCandidate(DataSource.class)
@EnableConfigurationProperties({MybatisProperties.class})
@AutoConfigureAfter({DataSourceAutoConfiguration.class,
    MybatisLanguageDriverAutoConfiguration.class})
public class MybatisAutoConfiguration implements InitializingBean {
//具体代码省略
}
```

在以上代码中，使用@EnableConfigurationProperties 注解引入了 MybatisProperties 类，此类代码如例 3-6 所示。

【例 3-6】MybatisProperties.java 类

```
1.  @ConfigurationProperties(
2.      prefix="mybatis"
3.  )
```

```
4.  public class MybatisProperties {
5.      public static final String MYBATIS_PREFIX="mybatis";
6.      private static final ResourcePatternResolver resourceResolver=
7.                      new PathMatchingResourcePatternResolver();
8.      private String configLocation;
9.      private String[] mapperLocations;
10.     private String typeAliasesPackage;
11.     private Class<?> typeAliasesSuperType;
12.     private String typeHandlersPackage;
13.     private boolean checkConfigLocation=false;
14.     private ExecutorType executorType;
15.     private Class<? extends LanguageDriver> defaultScriptingLanguageDriver;
16.     private Properties configurationProperties;
17.     @NestedConfigurationProperty
18.     private Configuration configuration;
19.     //代码省略
20. }
```

在例 3-6 中，第 1 行代码 MybatisProperties 类使用@ConfigurationProperties 注解来绑定配置文件中的相关配置；第 9～10 行代码的 typeAliasesPackage 和 mapperLocations 属性分别表示包名缩写和 Mapper 文件位置，这也就意味着，只需在配置文件中配置以“mybatis”为开头的属性，就可以配置 MybatisProperties 类中 typeAliasesPackage 和 mapperLocations 属性的值（当两个属性配置完成后，MybatisProperties 对象将会自动注入容器中，无须手动配置）。

配置完成 MybatisProperties 类后，在 MybatisAutoConfiguration 类中使用了 MybatisProperties 类的相关属性，利用这些属性构造了数据库连接工厂 SqlSessionFactory，具体的配置方法如例 3-7 所示。

【例 3-7】MybatisAutoConfiguration.java 类中的 sqlSessionFactory()方法

```
1.  @Bean
2.  @ConditionalOnMissingBean
3.  public SqlSessionFactory sqlSessionFactory(DataSource dataSource)
4.                                              throws Exception {
5.      SqlSessionFactoryBean factory=new SqlSessionFactoryBean();
6.      factory.setDataSource(dataSource);
7.      factory.setVfs(SpringBootVFS.class);
8.
9.      //设置 SqlSessionFactory 工厂
10.     ...
11.     return factory.getObject();
12. }
```

在例 3-7 的代码中，第 2 行代码使用了@ConditionalOnMissingBean 注解，在此表示当容器中不存在 SqlSessionFactory 对象时，启用此配置方法，并向容器中添加 SqlSessionFactory 对象。在此方法中，已经设置了 SqlSessionFactory 的所有配置项。当需要使用 SqlSessionFactory 进行开发时，开发人员可以直接通过@Autowire 注解将其注入。

3.3.2 使用 MyBatis 完成开发

接下来使用一个示例演示 MyBatis 在 Spring Boot 中的使用。

1. 创建 Web 所用目录

在 src/main/java 目录下的 com.example.test 目录创建 controller、dao、pojo 和 service 目录，目录结构如图 3.5 所示。

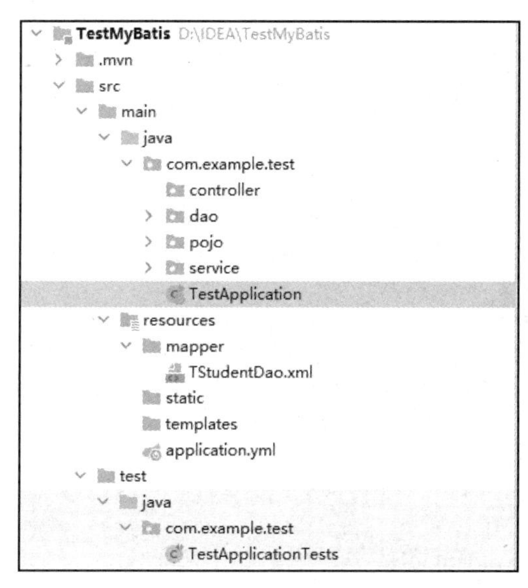

图 3.5　目录结构

2. 引入相关依赖

在 pom.xml 文件中引入数据库连接依赖和 MyBatis 依赖，代码如下所示。

```
<dependency>
        <groupId>org.projectlombok</groupId>
        <artifactId>lombok</artifactId>
    </dependency>
    <dependency>
        <groupId>mysql</groupId>
        <artifactId>mysql-connector-java</artifactId>
    </dependency>
    <dependency>
        <groupId>org.springframework.boot</groupId>
        <artifactId>spring-boot-starter-jdbc</artifactId>
    </dependency>
    <dependency>
        <groupId>com.alibaba</groupId>
        <artifactId>druid-spring-boot-starter</artifactId>
        <version>1.1.17</version>
    </dependency>
    <dependency>
        <groupId>org.mybatis.spring.boot</groupId>
        <artifactId>mybatis-spring-boot-starter</artifactId>
        <version>2.1.4</version>
</dependency>
```

3．配置 YAML 文件

在 YAML 配置文件中配置数据库连接参数和 MyBatis 的 Mapper 文件地址，代码如下所示。

```
spring:
      datasource:
        driver-class-name: com.mysql.cj.jdbc.Driver
        username: root
        password: root
        url: jdbc:mysql://127.0.0.1.top:3306/student?
             useSSL=false&serverTimezone=UTC&allowPublicKeyRetrieval=true
             &rewriteBatchedStatements=true
   mybatis:
      type-aliases-package: com.example.test.pojo
      mapper-locations: classpath:mapper/*.xml
```

至此，MyBatis 环境搭建完毕。相较于 SSM 的手动配置，Spring Boot 省略了数据源和 SqlSessionFactory 的配置，使开发更加方便。

4．编写业务逻辑

在 pojo 目录下创建 TStudent 实体类，代码如下所示。

```
@Data
public class TStudent {
   Integer sno;
   String password;
}
```

TStudent 实体类中含有 sno 和 password 属性，使用@Data 注解省略 get()和 set()方法的编写。

在 dao 目录（也可称 mapper 目录）下创建 TStudentDao 接口，在其中添加 getStudent()方法。

```
@Mapper
public interface TStudentDao {
   List<TStudent> getStudent();
}
```

在 YAML 配置文件中 Mapper 文件的地址下创建 TStudentDao.xml 文件，编写其中的代码，代码如下所示。

```
<mapper namespace="com.example.test.dao.TStudentDao">
   <select id="getStudent" resultType="TStudent">
      select * from t_student
   </select>
</mapper>
```

使用以上代码可以查询 t_student 表中的所有数据。

接下来创建 service 目录下的 TStudentService 接口和 TStudentServiceImpl 实现类，代码如下所示。

```
//TStudentService 接口
public interface TStudentService {
   List<TStudent> getStudent();
```

```
}
//TStudentServiceImpl 实现类
@Service
public class TStudentServiceImpl implements TStudentService {

    @Autowired
    TStudentDao tStudentDao;

    @Override
    public List<TStudent> getStudent() {
        return tStudentDao.getStudent();
    }
}
```

以上代码简单地实现了 Student 类的查询业务逻辑。

5. 测试

在 TestApplicationTests 测试类中编写测试代码，代码如下所示。

```
@SpringBootTest
class TestApplicationTests {
        @Autowired
    TStudentServiceImpl tStudentServiceImpl;
    @Test
        void contextLoads() {
            List<TStudent> student=tStudentServiceImpl.getStudent();
            student.forEach(System.out::println);
    }
}
```

在以上代码中，使用@SpringBootTest 注解标注一个类为测试类，在该测试类中取出 TStudentServiceImpl 对象调用 getStudent()方法，观察输出结果，如图 3.6 所示。

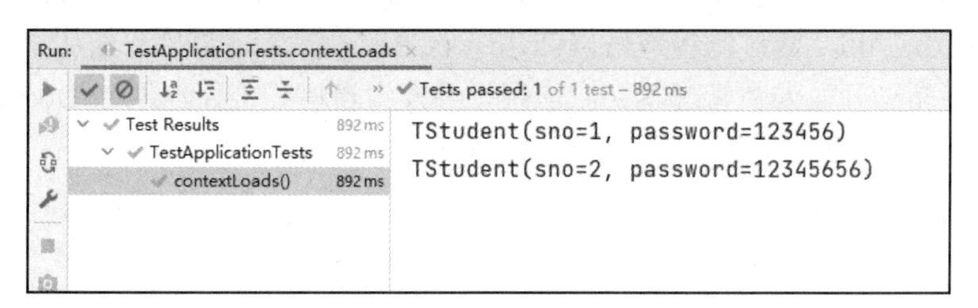

图 3.6　测试整合 MyBatis 的输出结果

从图 3.6 中可以看出，测试成功。

3.4 整合 Redis

NoSQL 数据库是一种非关系型数据库。与传统数据库不同的是，NoSQL 数据库可以不需要固定的表格模式，这种数据存储方式通常只使用简单的 key-value 结构，读取速度非常快，因此该数据库常常作为缓存数据库使用。在 NoSQL 数据库中，使用较为广泛的是 Redis 数据库。本节将讲解 Spring Boot 与 Redis 的整合。

3.4.1 Redis 简介

Redis 与其他典型的 NoSQL 数据库不同，除了拥有简单的 key-value 存储格式，还提供了对列表、有序集合、散列等结构的支持。不仅如此，Redis 支持持久化存储，提供了 RDB 和 AOF 两种方式来做持久化，保障了在高并发环境下的可用性。

3.4.2 Docker 容器部署 Redis

在讲解 Spring Boot 整合 Redis 的步骤之前，需要部署 Redis 服务，在此使用云服务器加 Docker 的形式部署 Redis 服务。

Docker 是一个开源的应用容器，开发者可以打包自己的应用以及依赖包到一个可移植的镜像中，随后通过此镜像来构造应用，这样就可以通过 Docker 来实现应用的统一管理。Docker 容器的执行流程如图 3.7 所示。

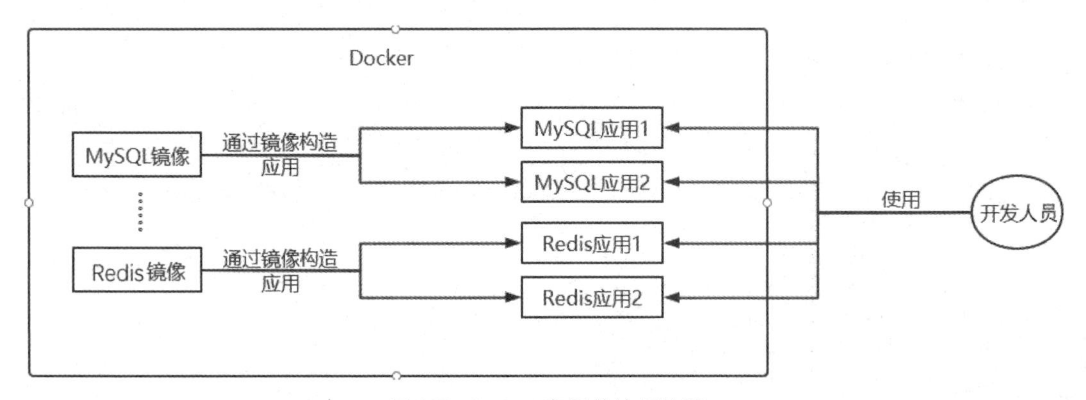

图 3.7　Docker 容器的执行流程

从图 3.7 中可以看出，在通过 Docker 使用 Redis 时，首先需要一个 Redis 的镜像（镜像的作用就是构造应用），通过此镜像可以创建一个 Redis 应用，随后开发人员可以直接使用 Redis。Docker 帮助开发人员管理 Redis 应用，开发人员可以方便地通过 Docker 来对 Redis 应用进行控制。感兴趣的读者可以提前学习 Docker 容器的使用。

1. 安装 Docker 应用

在云服务器上运行以下命令。

```
sudo yum install docker
```

在以上命令中，sudo 命令表示提升权限，yum install 命令表示软件包管理中的下载功能，docker 命令表示需要下载的软件名称。运行命令后，Docker 将被安装在服务器上。运行以下命令验证 Docker 是否安装成功。

```
docker version
```

在以上命令中，docker version 表示查看 Docker 的版本号。输出结果如图 3.8 所示。

从图 3.8 中可以看出，Docker 安装成功，安装的版本号为 20.10.5。

```
[root@iZ2zefedjw6xp4ar9nbs6kZ ~]# docker version
Client: Docker Engine - Community
 Version:           20.10.5
 API version:       1.41
 Go version:        go1.13.15
 Git commit:        55c4c88
 Built:             Tue Mar  2 20:33:55 2021
 OS/Arch:           linux/amd64
 Context:           default
 Experimental:      true
```

图 3.8　查看 Docker 的版本号

2. 通过 Docker 安装 Redis 镜像

传统的 Redis 安装较为费时，在此使用 Docker 一键式安装，更加方便。首先运行以下命令。

```
docker pull redis
```

以上代码中，docker pull 表示从 Docker 云仓库中下载 Redis 镜像。等待下载完后，运行以下命令查看 Redis 镜像的安装情况。

```
docker image ls
```

以上代码中，docker image 命令表示 Docker 的镜像命令，ls 表示列表。整个命令表示查看 Docker 的镜像列表。运行命令后，输出结果如图 3.9 所示。

[root@iZ2zefedjw6xp4ar9nbs6kZ ~]# docker image ls
REPOSITORY TAG IMAGE ID CREATED SIZE
redis latest 621ceef7494a 15 months ago 104MB

图 3.9　镜像列表

从图 3.9 中可以看出，Redis 镜像安装完毕。版本号（TAG）是 latest 版本，镜像的 id（IMAGE ID）是 621ceef7494a。

3. 编写 Redis 配置文件

Docker 镜像安装完后，开始生成 Redis 应用，此时需要准备 Redis 配置文件。在服务器相应目录下创建 Redis 配置文件，编写其中的内容。在此举例配置文件中常用的配置项，如例 3-8 所示。

【例 3-8】Redis 配置文件

```
1.  #规定只有此 ip 才能访问 Redis
2.  #bind 127.0.0.1
3.  #保护模式禁用。此模式启用时，需要设置 bind 值；禁用时，所有 ip 均可连接此 Redis
4.  protected-mode no
5.  #启动端口号
6.  port 6379
7.  #以后台启动方式启动
8.  daemonize no
9.  #日志文件的存放位置
10. logfile "./redis_6379.log"
11. #默认启动 16 个数据库，标号 0~15
12. databases 16
13. #每 900 秒存在 1 次更改、每 300 秒存在 10 次更改和每 60 秒存在 10000 次更改时 RDB 存储一次
14. save 900 1
15. save 300 10
16. save 60 10000
17. #以 RDB 方式存储的数据库文件名称
18. dbfilename dump.rdb
19. #工作目录
20. dir ./
21. #连接密码
22. requirepass 123456
```

```
23. #是否启用 AOF 方式持久化
24. appendonly no
25. #如果启用 AOF 方式，指定 AOF 的文件名称
26. appendfilename "appendonly.aof"
```

例 3-8 列举了常用的配置项，全部的配置项见本书对应章节的源码包。

4. 通过 Redis 镜像生成 Redis 应用

运行以下命令生成 Redis 应用。

```
docker run -d -p 6379:6379 --name redis6379 \
-v /usr/local/redis/redis6379/conf/redis.conf:/etc/redis/redis.conf \
-v /usr/local/redis/redis6379/data:/data \
621ceef7494a redis-server /etc/redis/redis.conf
```

接下来详细讲解以上命令。

- docker run 表示运行一个镜像，生成一个应用。其后面的命令是参数和配置项。
- -d 表示此应用以后台方式启动。
- -p 表示端口号映射。紧跟的两个端口号使用冒号分隔，前面的是服务器的端口号，后面的是 Redis 应用的端口号。在此 6379:6379 表示访问主机的端口号 6379 时，转发到容器内部 Redis 的 6379 端口号。
- --name 表示此 Redis 应用的名称。
- -v 表示目录映射。该行命令冒号前面的路径是服务器的路径，后面的路径是 Redis 应用的路径。在此该行命令表示将 Redis 应用中/etc/redis 目录下的 redis.conf 配置文件映射到服务器/usr/local/redis/redis6379/conf 文件夹下。在管理 Redis 应用时，我们可以直接更改服务器/etc/redis 目录下的文件，容器中映射的文件也会随之更改。
- 621ceef7494a 表示运行镜像的 id。
- redis-server 表示 Redis 运行命令。在创建出 Redis 应用时，一般需要进入应用容器的内部，运行 redis-server 命令启动 Redis 服务，在此表示应用被创建时直接启动 redis 服务。redis-server 命令后面表示配置文件的位置。

在运行此条命令后，Redis 服务启动成功。接下来，使用以下命令来查看 Docker 中运行的应用。

```
docker ps
```

输出结果如图 3.10 所示。

图 3.10　Docker 中运行的应用

在图 3.10 中，CONTAINER ID 表示容器的 id，IMAGE 表示此容器镜像的 id。此时，开发人员就可以通过远程连接来使用 Redis。

3.4.3　Spring Boot 整合 Redis

部署完成 Redis 后，使用 Spring Boot 调用 Redis 完成存储。

1. 引入 Redis 连接依赖

在 pom.xml 中引入以下依赖。

```
<dependency>
    <groupId>org.springframework.boot</groupId>
    <artifactId>spring-boot-starter-data-redis</artifactId>
</dependency>
```

以上依赖提供了 RedisTemplate 的使用功能，开发人员可以通过 RedisTemplate 对 Redis 进行操作。感兴趣的读者可以自行学习 Redis 的自动配置。

2. 配置 Redis 连接参数

在 YAML 文件中配置 Redis 的连接参数，代码如下所示。

```
spring:
  redis:
    host: XXX.XXX.XXX.XXX
    port: 6379
    password: 123456
```

在以上代码中，host 表示 Redis 连接的服务器地址，当 Redis 安装到本地时，host 参数可以为本地地址 127.0.0.1；port 参数表示连接 Redis 的端口号；password 表示连接 Redis 的密码。

3. 配置 Redis 序列化方式

至此已经可以使用 RedisTemplate 来开发程序，但在企业级开发中，通常要配置序列化方式，代码如例 3-9 所示。

【例 3-9】RedisConfig 序列化配置类

```
1.  @Configuration
2.  public class RedisConfig {
3.
4.      @Bean
5.      @SuppressWarnings("all")
6.      public RedisTemplate<String, Object> redisTemplate(
7.          RedisConnectionFactory factory) {
8.          RedisTemplate<String, Object> template=
9.                              new RedisTemplate<String, Object>();
10.         template.setConnectionFactory(factory);
11.         Jackson2JsonRedisSerializer jackson2JsonRedisSerializer=
12.                 new Jackson2JsonRedisSerializer(Object.class);
13.         ObjectMapper om=new ObjectMapper();
14.         om.setVisibility(
15.                 PropertyAccessor.ALL,
16.                 JsonAutoDetect.Visibility.ANY
17.         );
18.         om.activateDefaultTyping(
19.                 LaissezFaireSubTypeValidator.instance,
20.                 ObjectMapper.DefaultTyping.NON_FINAL,
21.                 JsonTypeInfo.As.PROPERTY
22.         );
```

```
23.         jackson2JsonRedisSerializer.setObjectMapper(om);
24.         StringRedisSerializer stringRedisSerializer=
25.                                 new StringRedisSerializer();
26.
27.         //key 采用 String 的序列化方式
28.         template.setKeySerializer(stringRedisSerializer);
29.         //hash 的 key 也采用 String 的序列化方式
30.         template.setHashKeySerializer(stringRedisSerializer);
31.         //value 序列化方式采用 jackson
32.         template.setValueSerializer(jackson2JsonRedisSerializer);
33.         //hash 的 value 序列化方式采用 jackson
34.         template.setHashValueSerializer(jackson2JsonRedisSerializer);
35.         template.afterPropertiesSet();
36.
37.         return template;
38.         }
39. }
```

在例 3-9 中，第 10 行代码设置 RedisTemplate 使用的工厂，因为在 Redis 中设置的 key 为 String 类型，value 多为对象类型，所以在第 28 行代码设置 key 的序列化方式为 String 序列化方式，第 32 行代码设置 value 的序列化方式为对象方式。

4. 使用 Spring Boot 操作 Redis

在测试类中将 RedisTemplate 通过@Autowired 注入，在测试方法中编写代码操作 Redis，代码如下所示。

```
@Test
void testRedisTemplate() {
    Student s=new Student("张三", 1);
    redisTemplate.opsForValue().set("test",s);
    Student student=(Student)redisTemplate.opsForValue().get("test");
    System.out.println(student);
}
```

在以上代码中，redisTemplate 的 opsForValue()负责简单的键值对操作，set()方法用来设置值，get()方法用来取用值。运行以上代码，结果如下所示。

```
Student(name=张三, age=1)
```

5. 封装 Redis 操作工具类

在企业级开发中，通常会对 RedisTemplate 进行封装，在此列举一些常用的封装方法，方法的使用代码如下所示。

```
@Test
void testRedisUtil() {
    Student s=new Student("张三", 1);
    redisUtil.set("test",s);
    /*为键设置时间*/
    redisUtil.expire("test",60);
    redisUtil.lSet("list",1);
    redisUtil.lSet("list",2);
    System.out.println(redisUtil.lGetIndex("list",1));
```

```
    Student student=(Student)redisUtil.get("test");
    System.out.println(student);
}
```

在以上代码中，使用 redisUtil 的 expire()方法来为键设置失效时间，使用 lSet()方法来设置 List 集合的值，取出角标为 1 的值并输出。运行此测试方法，结果如图 3.11 所示。

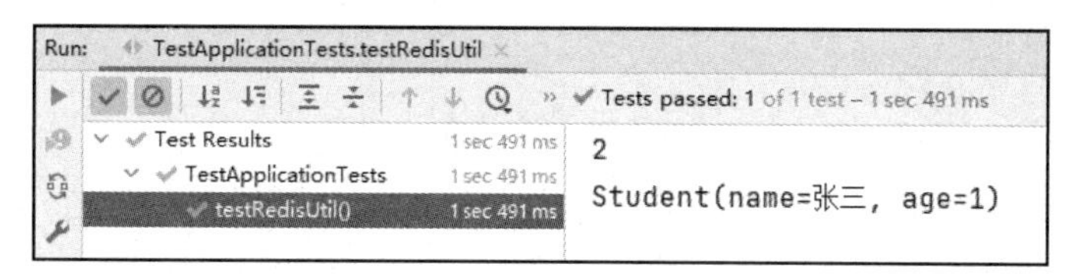

图 3.11　测试 RedisUtil 工具类

从图 3.11 中可以看出，工具类使用成功。具体的工具类代码见本书对应章节的源码包。

3.4.4　Redis 集群搭建一主二从三哨兵

本小节讲解小型企业开发常用的 Redis 部署方式，属于选学内容。在掌握以上知识点以后，仍有余力的读者可以了解此小节的内容；在未掌握基础的 Redis 以及 Spring Boot 整合 Redis 的方式时，读者可以暂时跳过此小节的内容。

在 Redis 的使用过程中，业务场景大多数是读多写少，因此经常使用主从结合的形式来处理，即主节点负责处理写请求和读请求，在主节点写入时，将数据同步给从节点，从节点只负责处理读请求。Redis 主从复制后的流程如图 3.12 所示。

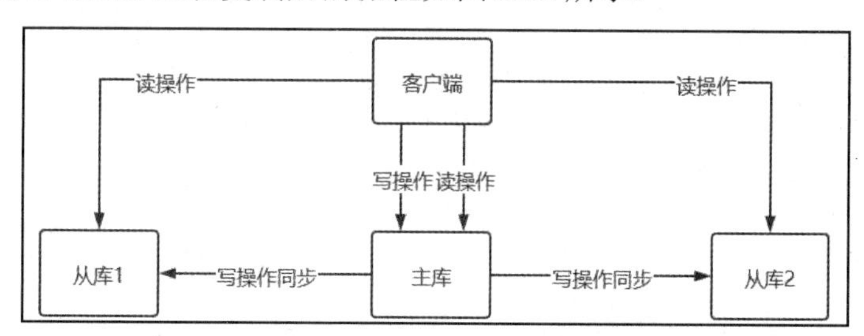

图 3.12　Redis 主从复制后的流程

在图 3.12 的模式下，如果 Redis 主节点发生宕机，整个 Redis 服务将会不可用。为了保障 Redis 主节点的可用性，Redis 提供了 Sentinel（哨兵）。

Sentinel 哨兵实现了 Redis 主从集群部署的故障恢复功能，这样在主库发生故障的情况下，所有的 Sentinel 之间互相通信，通过“投票”的方式从剩下的所有从库中选举一个从库，将这个从库升级为主库，从而维持整个服务的正常运行。整个 Sentinel 的监控如图 3.13 所示。

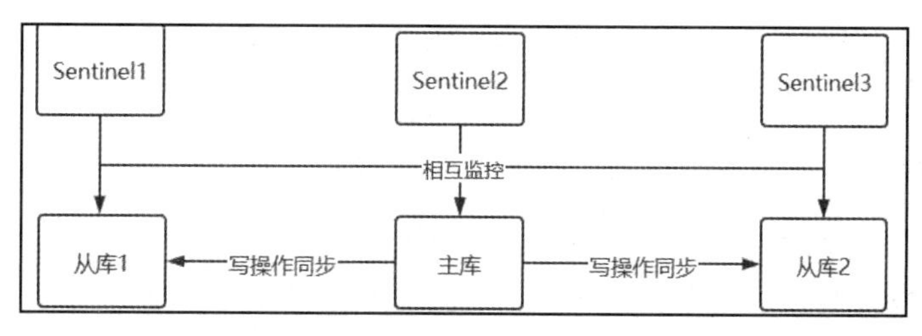

图 3.13　整个 Sentinel 的监控

从图 3.13 中可以看出，所有的 Redis 都被 Sentinel 监控，同时 Sentinel 之间也互相监控。接下来带领读者部署所有的服务。

1. 集群规划

本案例在两台云服务器中部署 Redis 集群。

主节点：39.105.230.34:6379。

从节点：39.105.230.34:6380，39.105.230.34:6381。

Sentinel 哨兵节点：119.47.85.118:26379，119.47.85.118:26380，119.47.85.118:26381。

一主两从部署在地址为 39.105.230.34 的服务器，三哨兵部署在地址为 119.47.85.118 的服务器。

2. 部署主从 Redis

以 3.4.2 小节部署的 Redis 为主节点，复制其配置文件到另一个目录，在其中添加以下代码。

```
slaveof 39.105.230.34 6379
masterauth 123456
```

在以上代码中，slaveof 负责配置主节点的地址，masterauth 负责配置连接主节点需要的密码。

配置文件编写完成后，从节点开始部署。运行以下命令创建 Redis 的第一个从节点，端口号为 6380。

```
docker run -d -p 6380:6380 --name redis6380 \
-v /usr/local/redis/redis6380/conf/redis.conf:/etc/redis/redis.conf \
-v /usr/local/redis/redis6380/data:/data \
621ceef7494a redis-server /etc/redis/redis.conf
```

运行以下命令创建 Redis 的第二个从节点，端口号为 6381。

```
docker run -d -p 6381:6381 --name redis6381 \
-v /usr/local/redis/redis6381/conf/redis.conf:/etc/redis/redis.conf \
-v /usr/local/redis/redis6381/data:/data \
621ceef7494a redis-server /etc/redis/redis.conf
```

当两个从节点创建完成后，运行以下命令查看 Docker 容器中的 Redis。

```
docker ps
```

输出结果如图 3.14 所示。

```
[root@iZ2zefedjw6xp4ar9nbs6kZ ~]# docker ps
CONTAINER ID   IMAGE          COMMAND                  CREATED       STATUS        PORTS                                      NAMES
02545899f0f3   621ceef7494a   "docker-entrypoint.s…"   6 hours ago   Up 6 hours    6379/tcp, 0.0.0.0:6381->6381/tcp           redis6381
f70dcd436c4e   621ceef7494a   "docker-entrypoint.s…"   6 hours ago   Up 6 hours    6379/tcp, 0.0.0.0:6380->6380/tcp           redis6380
7c83029088c3   621ceef7494a   "docker-entrypoint.s…"   2 days ago    Up 6 hours    0.0.0.0:6379->6379/tcp                     redis6379
```

图 3.14 查看 Redis 集群

从图 3.14 中可以看出，Redis 集群运行成功。

3. 部署 Sentinel 哨兵集群

首先创建 Sentinel 配置文件，代码如例 3-10 所示。

【例 3-10】Sentinel 配置文件

```
1.  #保护模式
2.  protected-mode no
```

```
3.  port 26379
4.  #以后台方式启动
5.  daemonize yes
6.  #日志文件目录
7.  logfile "./sentinel-26379.log"
8.  #运行目录，不能设置为容器内不存在的目录
9.  dir /data
10.
11. #配置主机节点
12. sentinel monitor mymaster 39.105.230.34 6379 2
13. #密码
14. sentinel auth-pass mymaster 123456
15. #连接配置
16. sentinel down-after-milliseconds mymaster 5000
17. sentinel failover-timeout mymaster 60000
18. sentinel parallel-syncs mymaster 1
19. sentinel deny-scripts-reconfig yes
```

下面详细讲解例 3-10 中的配置文件。

第 2 行配置表示开启保护模式。此项开启时，若不设置密码和 bind 值，则保护模式生效，在此期间外部网络不能访问此服务。

第 3 行配置表示服务启动端口号。

第 5 行配置表示服务以后台方式启动。

第 7 行配置指定日志文件存放的目录。

第 9 行配置了工作目录。

第 12 行配置表示 Sentinel 监控需要监控的 Redis 主节点，这是整个 Sentinel 配置中最重要的部分。

第 14 行配置表示连接 Redis 主节点的密码。

第 16～19 行代码配置了连接有关的参数。

完成 Sentinel 配置文件的编写后，将配置文件复制 3 份，分别更改其中的端口号。至此，配置文件配置完毕。

配置文件完成后，运行 Docker 启动命令，代码如下所示。

```
docker run -id --name redis-sentinel-26379 -p 26379:26379 \
--privileged=true \
-v /usr/local/sentinel/sentinel1.conf:/usr/local/etc/redis/sentinel.conf \
bba24acba395 redis-sentinel /usr/local/etc/redis/sentinel.conf
```

在以上代码中，启动命令与 Redis 启动命令相似，剩余的两个 Sentinel 只需更改启动命令的端口号即可。

4. 连接集群 Sentinel

使用 3.4 节的 Spring Boot 整合案例，更改其 YAML 配置文件，代码如下所示。

```
spring:
  redis:
    sentinel:
      master: mymaster
      nodes: 119.47.85.118:26379,119.47.85.118:26380,119.47.85.118:26381
    password: 123456
```

在以上代码中，password 负责配置 Redis 的连接密码，master 负责配置 Sentinel 连接的主节点名称，nodes 负责配置所有 Sentinel 的服务地址。在此可以发现，并不需要配置 Redis 服务的地址，请求会通过 Sentinel 转发到对应的主节点进行处理。

运行以下测试代码，测试 Redis 集群的连接。

```
@Test
void testRedisTemplate() {
    Student s=new Student("张三", 1);
    redisTemplate.opsForValue().set("test",s);
    Student student=(Student)redisTemplate.opsForValue().get("test");
    System.out.println(student);
}
```

Redis 集群测试结果如图 3.15 所示。

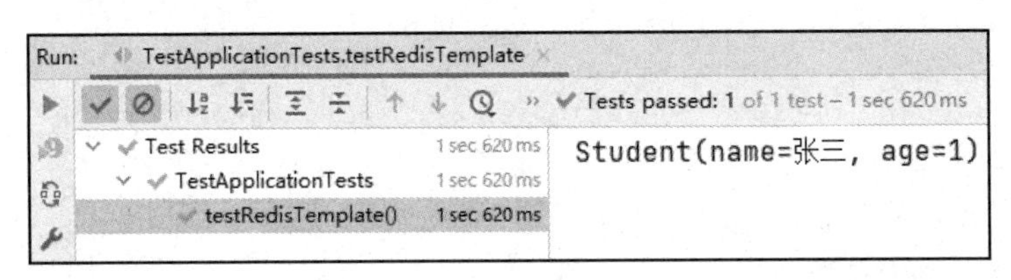

图 3.15 Redis 集群测试结果

从图 3.15 可以看出，Redis 集群已测试成功。但在此需要注意的是，一主二从三哨兵集群模式的扩展性很差。在大数据量的情况下，需要使用官方 Redis 的 Cluster 集群方式部署，这种方式扩展性良好，也是大型企业常用的分布式 Redis 集群方式。感兴趣的读者可以自行学习。

3.5 本章小结

本章主要介绍 Spring Boot 的数据访问，具体内容包括 Spring Boot 数据源的自动配置原理、Druid 数据源的引入、Spring Boot 整合 MyBatis 的步骤及 MyBatis 的自动配置原理、Spring Boot 与 Redis 的整合（其中包括 Redis 的集群部署等）。

3.6 习题

1. 填空题

（1）在 Spring Boot 项目中配置过数据库依赖后，可以直接通过注入________来操作数据库。

（2）Spring Boot 整合 MyBatis 时，引入________自动配置类，在此配置类中创建了 SqlSessionFactory 对象。

2. 选择题

（1）当需要更换 Spring Boot 的数据源时，下列做法正确的是（　　）（多选）。

A．在 pom.xml 中添加需要更换的 DataSource 依赖
B．编写一个配置类，创建需要更换的 DataSource 依赖并将其添加到容器中
C．在 pom.xml 中添加需要更换 DataSource 依赖的自动配置类
D．编写一个配置类，创建需要更换的 DataSource 依赖，在 DataSourceAutoConfiguration 配置类生效后将 DataSource 依赖添加到容器中

（2）关于 Spring Boot 的数据访问，下列描述错误的是（　　）。
A．当数据库连接参数配置完后，Spring Boot 会帮助开发人员自动封装 JDBCTemplate 对象
B．当向项目中添加 Druid 数据源时，Spring Boot 会帮助开发人员配置双数据源
C．当项目引入数据库驱动包而不配置数据库连接参数时，项目启动会报错
D．当项目引入数据库驱动包而不指定数据源时，启动项目，项目照常运行

3．思考题

（1）简述数据源的自动配置。
（2）简述 MyBatis 与 Spring Boot 整合的步骤。

第4章 Spring Boot 整合核心开发知识点

本章学习目标

- 了解 Spring Boot 中的文件上传与下载。
- 了解 Knife4j、Thymeleaf 和邮件服务的使用。
- 掌握 Spring Boot 静态资源的访问。
- 掌握 Spring Boot 跨域问题的处理方法。
- 掌握 Spring Boot 异步定时任务的编写。

本章介绍 Spring Boot 对静态资源的整合，并对 Spring Boot 中与 Web 开发相关的知识点进行总结。这些与 Web 开发有关的知识点在日常开发中经常用到，读者可以针对本章内容进行学习。

4.1 静态资源访问

Spring Boot 对静态资源进行了一些默认配置。默认访问静态资源时分为两个步骤：首先需要通过静态资源的访问路径加上静态资源的名称来确定寻找的资源，然后到静态资源的访问目录进行访问。接下来，本节通过 Spring MVC 和 Spring Resource 的自动配置原理来讲解静态资源的访问。

4.1.1 静态资源访问概述

在讲解 Spring Boot 的默认策略之前，读者首先要掌握两个概念。

1. 静态资源的访问路径

静态资源拥有统一的访问路径。在访问静态资源时，需要使用如下方式访问。

```
http://项目名/静态资源的访问路径/静态资源名称
```

例如：

```
http://localhost:8080/MyLocation/1.jpg
```

在以上代码中静态资源的访问路径是 MyLocation。

2．静态资源目录

当 Spring Boot 识别需要访问的静态资源后，将会从静态资源目录中寻找对应的静态资源。如果静态资源目录为 static，则将从 static 目录中寻找 1.jpg 文件。

4.1.2　Spring Boot 的默认访问策略

Spring Boot 规定了默认的静态资源访问策略。

1．静态资源的访问路径

静态资源访问路径默认被设置为/**，代表从任何路径来的请求都将被识别为静态资源。当然，请求的路径需要先经过 Controller 的请求匹配，如果没有匹配的路径，则此请求将会被识别为静态资源进行处理。

2．静态资源目录

静态资源目录默认被设置为以下目录。

```
/META-INF/resources/, /resources/, /static/, /public/
```

当请求一个静态资源时，Spring Boot 将会到以上目录中寻找相应的资源。

4.1.3　验证 Spring Boot 静态资源访问

接下来使用示例验证 Spring Boot 的默认静态资源访问策略。在 resources 目录下创建 Spring Boot 给定的静态资源目录，并且在每个目录下放一张图片，如图 4.1 所示。

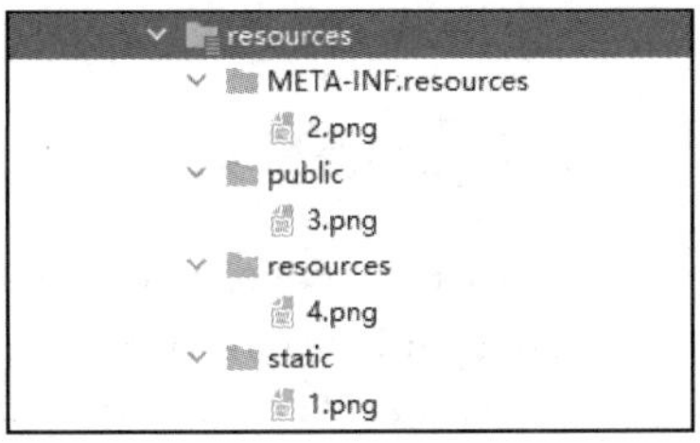

resources
- META-INF.resources
  - 2.png
- public
  - 3.png
- resources
  - 4.png
- static
  - 1.png

图 4.1　静态资源目录

在 java 目录下创建 controller 目录，并编写 Controller 层代码拦截 1.png 的请求，代码如下所示。

```java
@RestController
public class TestWebController {

    @GetMapping("/1.png")
    public String TestStaticResource1(){
        return "hello";
    }
}
```

在以上代码中，使用 Controller 拦截 1.png 请求。运行项目，在浏览器中访问以下地址。

```
http://localhost:8080/1.png
http://localhost:8080/2.png
http://localhost:8080/3.png
http://localhost:8080/4.png
```

访问以上地址，结果为：访问 1.png 时被 Controller 拦截，返回 hello；访问其余图片时正常访问。

在此例中，当访问请求到来时，首先被 Controller 拦截；当 Controller 拦截不到时，被静态资源的访问路径拦截，拦截后拿到图片名称到静态资源目录中寻找，找到就返回对应资源。

4.1.4 静态资源访问原理

1. 静态资源的访问路径

查看 WebMvcProperties 类，此类负责管理 Web MVC 的相关属性，将其关键代码抽取，代码如下所示。

```
@ConfigurationProperties(
    prefix="spring.mvc"
)
public class WebMvcProperties {
    //静态路径匹配
    private String staticPathPattern;
    public WebMvcProperties() {
        ...
        //为静态路径匹配
        this.staticPathPattern="/**";
        ...
    }
}
```

在以上代码中，通过@ConfigurationProperties 注解取出配置文件中以“spring.mvc”为前缀的属性，将配置文件中的值注入类中。在所有可配置属性中，staticPathPattern 属性表示静态资源匹配的路径，即只需在配置文件中修改此属性就可以控制静态资源的访问路径。如果不配置此属性，则采用默认构造方法，将 staticPathPattern 属性赋值为/**，表示将所有的请求都标注为静态资源请求。

2. 静态资源目录

查看 ResourceProperties 类，此类负责管理资源配置，将其关键代码抽取，代码如下所示。

```
@ConfigurationProperties(
    prefix="spring.resources",
    ignoreUnknownFields=false
)
public class ResourceProperties {
    private static final String[] CLASSPATH_RESOURCE_LOCATIONS=
            new String[]{
                    "classpath:/META-INF/resources/",
                    "classpath:/resources/",
                    "classpath:/static/",
                    "classpath:/public/"
            };
    //静态路径
    private String[] staticLocations;

    public ResourceProperties() {
        this.staticLocations=CLASSPATH_RESOURCE_LOCATIONS;
    }
}
```

在以上代码中，使用@ConfigurationProperties 来取得配置文件中以“spring.resources”为前缀的属性，将配置文件中的值注入类中。在所有可配置属性中，staticLocations 属性表示静态资源的位置，也就是说，只需在配置文件中修改此属性就可以改变静态资源的位置。如果不配置此属性，则采用默认构造方法中 CLASSPATH_RESOURCE_LOCATIONS 属性的值，此属性的值就是 Spring Boot 默认设置的静态资源位置。

3. 资源配置

Spring Boot 通过 WebMvcAutoConfiguration 自动配置类来设置静态资源匹配符和静态目录，在 IDEA 中双击 Shift 键搜索 WebMvcAutoConfiguration，并进入此类。

在此类中寻找静态内部类 WebMvcAutoConfigurationAdapter，此类中有许多关键的方法，在此重点讲解 addResourceHandlers()方法，此方法中关键代码如例 4-1 所示。

【例 4-1】addResourceHandlers()方法

```
1.  public void addResourceHandlers(ResourceHandlerRegistry registry) {
2.          //在此，从 MvcProperties 类中取出静态资源路径匹配符
3.          String staticPathPattern=
4.                  this.mvcProperties.getStaticPathPattern();
5.          //在此判断静态资源处理器中是否存在此匹配符
6.          if (!registry.hasMappingForPattern(staticPathPattern)) {
7.              this.customizeResourceHandlerRegistration(
8.                  //registry 代表静态资源处理器
9.                  //在此，给静态资源处理器添加上方已经获取的静态资源路径匹配符
10.                 registry.addResourceHandler(new String[]{staticPathPattern})
11.                             //在此，给静态资源处理器添加静态文件的存放路径
12.                             .addResourceLocations(
13.                                  WebMvcAutoConfiguration.getResourceLocations(
14.                                     this.resourceProperties.getStaticLocations()
15.                                  )
16.                             )
17.                     ...
18.         }
19.     }
```

在例 4-1 中，第 3～4 行代码从 MvcProperties 类中取出静态资源路径匹配符，此时如果配置文件中配置了 staticPathPattern 属性，则此处 staticPathPattern 属性的值将会被取出；第 9 行代码为静态资源处理器添加取出的静态资源路径匹配符；第 11～15 行代码使用 getStaticLocations()方法从 ResourceProperties 类中获取静态文件的存放路径，随后为静态资源处理器添加静态文件的存放路径，如果配置文件中配置了 staticLocations 属性，则此处 staticLocations 属性的值将会被取出，并设置给静态资源处理器。

至此，静态资源的访问路径和静态资源目录全部设置完毕。

4.1.5 自定义访问策略

在企业级开发中，成熟的系统通常都会针对请求进行拦截，这个拦截会与静态资源的访问路径发生冲突。为了避免这种冲突，开发人员通常会修改默认的静态资源访问路径。下面将以一个示例来讲解自定义访问策略的方法。

在 YAML 配置文件中配置以下代码。

```
spring:
  mvc:
    static-path-pattern: /resources/**
  resources:
    static-locations:
      - classpath:/resources/**
```

在以上代码中使用 static-path-pattern 配置静态资源匹配的路径；使用 static-locations 配置静态资源访问目录。重新启动 Spring Boot 应用，在浏览器中访问以下请求。

```
http://localhost:8080/resources/1.png
http://localhost:8080/resources/2.png
http://localhost:8080/resources/3.png
http://localhost:8080/resources/4.png
http://localhost:8080/4.png
```

使用浏览器访问图 4.1 中的资源，除第 2 条与第 4 条请求成功访问之外，其余所有的请求访问失败。

在以上请求中，第 2 条访问请求的图片位于 META-INF.resources 目录下，此路径是 Tomcat 规定的资源目录下，可以访问。第 4 条访问请求的图片位于类路径的 resources 目录下，此路径是 Spring Boot 定义的静态资源访问目录，在此目录下的图片可以通过请求访问到。其余的请求则访问不到。

4.2 文件上传

在 SSM 架构的系统中，MultipartResolver 支持文件上传相关的功能，因此在进行文件上传时需要手动配置 MultipartResolver。Spring Boot 对此进行了封装，当系统中没有配置 MultipartResolver 时，采用默认的 MultipartResolver 进行处理。本节详细介绍文件上传的相关功能。

4.2.1 本地文件的上传

1. SSM 实现文件上传

在此编写简单案例，通过案例来引出 Spring Boot 对文件上传的整合。

创建 Spring Boot 项目，在 Controller 中编写以下代码。

```
@RestController
public class TestWebController {

    @PostMapping("/testUpload")
    public String TestUpload(MultipartFile multipartFile){
        try {
            multipartFile.transferTo(new File("D:\\1.png"));
        } catch (IOException e) {
            e.printStackTrace();
        }
        return "ok";
```

```
    }
}
```

在以上代码中，使用@PostMapping 注解限制请求的方式为 POST，使用 MultipartFile 来接收传送的文件。当文件接收完毕时，使用 MultipartFile 类的 transferTo()方法将其传输到指定文件，此例中将文件存放到本地 D 盘目录下，命名为 1.png。

启动 Postman，访问文件上传控制器，步骤如图 4.2 所示。

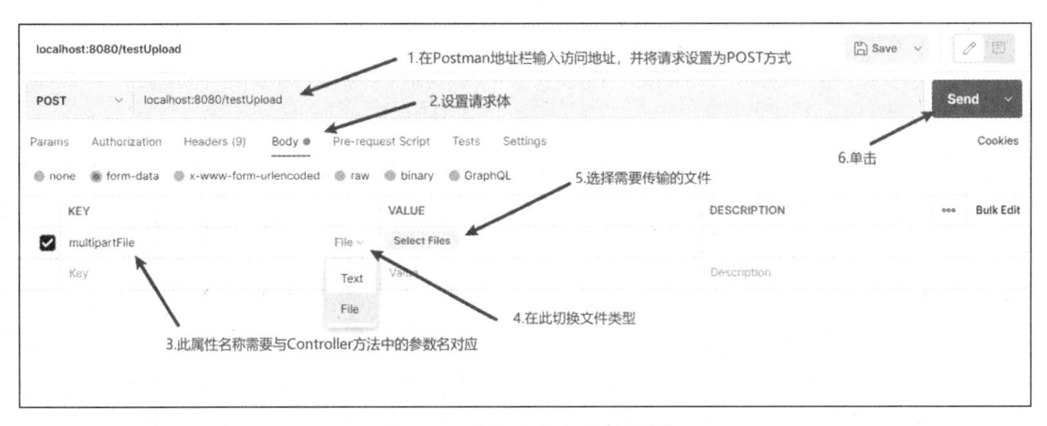

图 4.2　访问文件上传控制器

在图 4.2 中，首先在地址栏中输入访问地址，并将请求方式设置为 POST，然后设置请求体内容，在请求体中设置 key 为 multipartFile，此名称需要与对应控制器方法中的参数名相同，之后设置请求体中内容的类型为 File，单击相应按钮选择需要上传的文件，最后单击“Send”按钮，结果如下所示。

```
ok
```

传输成功后，可以在 D 盘下找到对应的 1.png 文件。

2. Spring Boot 整合文件上传原理

在本节示例中，不需要引入 MultipartResolver 即可完成文件的上传，这是因为 Spring Boot 引入了 MultipartAutoConfiguration 自动配置类，这个自动配置类判断配置文件中没有相关的配置时，注入 StandardServletMultipartResolver 类，使用此类来负责文件上传。MultipartAutoConfiguration 自动配置类中的核心代码如例 4-2 所示。

【例 4-2】MultipartAutoConfiguration()方法

```
1.  @ConditionalOnClass({
2.          Servlet.class,
3.          StandardServletMultipartResolver.class,
4.          MultipartConfigElement.class
5.  })
6.  @EnableConfigurationProperties(
7.          {MultipartProperties.class}
8.  )
9.  public class MultipartAutoConfiguration {
10.     private final MultipartProperties multipartProperties;
11.
12.     @Bean(
```

```
13.            name={"multipartResolver"}
14.     )
15.     @ConditionalOnMissingBean({MultipartResolver.class})
16.     public StandardServletMultipartResolver multipartResolver() {
17.        StandardServletMultipartResolver multipartResolver=
18.              new StandardServletMultipartResolver();
19.        multipartResolver.setResolveLazily(
20.              this.multipartProperties.isResolveLazily()
21.        );
22.        return multipartResolver;
23.     }
24. }
```

在例 4-2 中，第 1～5 行使用@ConditionalOnClass 注解判断，当依赖包中存在 Servlet 类文件、StandardServletMultipartResolver 类文件和 MultipartConfigElement 类文件时，此配置类生效，可以理解为此段代码判断该环境是否是 Servlet 环境，如果是，则启用此配置类；第 6～8 行代码引入 MultipartProperties 类。在此，细心的读者可以发现，大部分的以 Properties 为结尾的类都将会从配置文件取自定义配置，以此来配置相关参数。此 Properties 类同样也会从配置文件中获取相关参数；第 16 行代码使用 multipartResolver()方法创建 StandardServlet MultipartResolver 类，并将此类加入容器，此后此类将负责文件上传的相关处理。

接下来查看 MultipartProperties 类，此类中的核心代码如下所示。

```
@ConfigurationProperties(
   prefix="spring.servlet.multipart",
   ignoreUnknownFields=false
)
public class MultipartProperties {
   private boolean enabled=true;
   private String location;
   private DataSize maxFileSize=DataSize.ofMegabytes(1L);
   private DataSize maxRequestSize=DataSize.ofMegabytes(10L);
   private DataSize fileSizeThreshold=DataSize.ofBytes(0L);
   private boolean resolveLazily=false;
}
```

在以上代码中，使用@ConfigurationProperties 注解取出配置文件中前缀为“spring.servlet.multipart”的配置，并赋值给此类中的属性。

在 MultipartProperties 类的属性中，较为重要的是 maxFileSize 与 maxRequestSize 属性，它们分别控制每个传输文件的大小和所有传输文件的总大小。当需要传输大文件时，需要在配置文件中设置这两个属性，保证文件的正常传输。在此举例配置这两个属性，在 YAML 配置文件中添加如下代码。

```
spring:
  servlet:
    multipart:
      max-file-size: 10MB
      maxRequestSize: 100MB
```

在以上代码中，配置 max-file-size 来限制传输中每个文件的大小小于 10MB，配置 maxRequestSize 来限制一次请求中传输文件的总大小小于 100MB。

4.2.2 云服务器的上传

在企业级开发中，考虑到资源服务器的维护成本，经常选择云服务器进行资源的存储。因此，本小节将讲解基于对象关系存储 OSS（Object Storage Service）的文件上传。本小节内容属于扩展知识点，读者可根据具体的需求进行选学。

1. 申请 OSS 服务器

这里使用阿里云 OSS 文件存储完成示例。在阿里云控制台申请 OSS 服务器，并单击“创建”按钮创建容器。容器在阿里云 OSS 中被称为 Bucket，每个 Bucket 可以保存一系列资源，阿里云将会对每个 Bucket 中的相关资源进行管理。

2. 创建子容器 Bucket

在 Bucket 创建界面中，首先输入此 Bucket 的名称，然后选择存储类型，最后更改读写权限，具体步骤如图 4.3 所示。

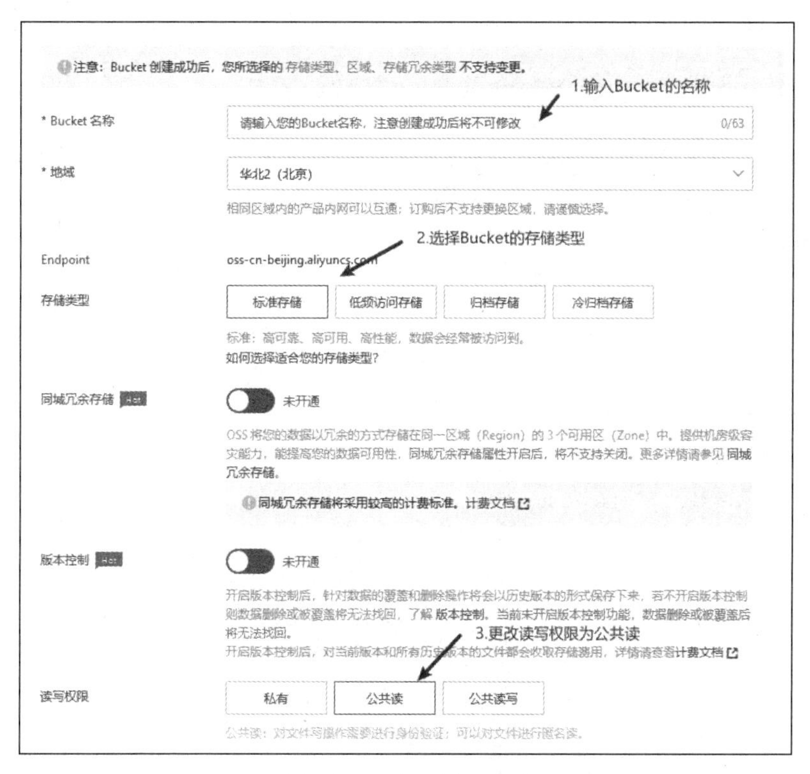

图 4.3 Bucket 创建界面

在图 4.3 中，存储类型代表着此 Bucket 的用途，当访问频率和存储容量需要兼顾时，可以选择“标准存储”。当访问频率较低，将此 Bucket 用作存储服务器时，可以选择“低频访问存储”。当资源需要长期保存时，可以选择归档存储。当数据需要超长期保存时，可以使用“冷归档存储”。

在图 4.3 中，读写权限代表着此 Bucket 中文件的访问方式，当读写权限设置为私有时，表示读文件和写文件都需要含有权限的 API 才能进行。当读写权限设置为公共读时，读文件将不再受限制，所有用户在任何资源访问处输入此资源的地址，都可以访问，但写文件需要含有权限的 API 进行操作。当读写权限设置为公共读写时，读文件与写文件都将不受限制。

在 Bucket 创建完成后，进入此 Bucket，单击“文件管理”，在右侧单击“新建目录”按钮，创建 avatar 目录，具体操作如图 4.4 所示。

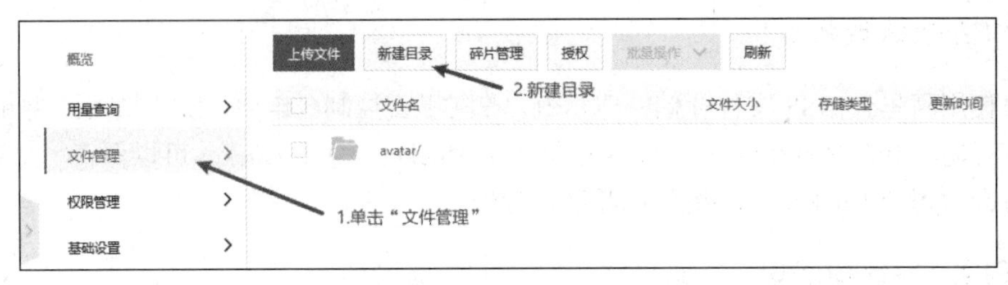

图 4.4　在 Bucket 中创建目录

在图 4.4 中，可以单击左侧的“权限管理”更改之前的默认配置。

3. 引入 OSS 连接依赖

在 pom.xml 文件中引入 OSS 连接依赖包，代码如下所示。

```
<dependency>
    <groupId>com.aliyun.oss</groupId>
    <artifactId>aliyun-sdk-oss</artifactId>
    <version>3.10.2</version>
</dependency>
```

4. 引入 OSS 连接工具类

在 util 目录下添加 OSSUtil.java 文件，代码如例 4-3 所示。

【例 4-3】OSSUtil 工具类

```
1.  @Component
2.  public class OSSUtil{
3.
4.      private static final String endpoint="oss-cn-beijing.aliyuncs.com";
5.      private static final String accessKeyId="**";
6.      private static final String accessKeySecret="********";
7.      private static final String bucketName="bijiahao";
8.      private static final String FOLDER="avatar/";
9.
10.     public static OSS getOSSClient() {
11.         return new OSSClientBuilder().
12.                     build(endpoint, accessKeyId, accessKeySecret);
13.     }
14.
15.     /**
16.      * 上传到 OSS 服务器，同名文件会覆盖服务器上的
17.      *
18.      * @param instream 文件流
19.      * @param fileName 文件名称（包括扩展名）
```

```
20.      * @return 出错返回"", 唯一 MD5 数字签名
21.      */
22.     public String uploadFileOSS(InputStream instream, String fileName) {
23.
24.         String ret="";
25.         try {
26.             OSS ossClient=getOSSClient();
27.             //创建上传 Object 的 Metadata
28.             ObjectMetadata objectMetadata=new ObjectMetadata();
29.             objectMetadata.setContentLength(instream.available());
30.             objectMetadata.setCacheControl("no-cache");
31.             objectMetadata.setHeader("Pragma", "no-cache");
32.             //上传文件
33.             PutObjectResult putResult=ossClient.putObject(
34.                     bucketName, FOLDER+fileName, instream, objectMetadata
35.             );
36.             ret=putResult.getETag();
37.         } catch (IOException e) {
38.             log.error(e.getMessage(), e);
39.         } finally {
40.             try {
41.                 if (instream !=null) {
42.                     instream.close();
43.                 }
44.             } catch (IOException e) {
45.                 e.printStackTrace();
46.             }
47.         }
48.         return ret;
49.     }
50. }
```

在例 4-3 中，第 4～8 行代码分别设置 endpoint、accessKeyId、accessKeySecret、bucketName 和 FOLDER 属性，其中，endpoint 属性表示 Bucket 所在的地域节点；accessKeyId 属性表示阿里云账号；accessKeySecret 属性表示阿里云账号的密码；bucketName 属性表示 Bucket 的名称；FOLDER 表示所需资源存放的路径。第 11～13 行代码使用 OSSClientBuilder 来创建 OSS 客户端，之后将通过客户端来操作 OSS 服务器；第 22 行代码中，uploadFileOSS()方法用来上传文件，使用此方法时，需要传入输入流和文件名称。在 uploadFileOSS()方法中，调用 ossClient 的 putObject()方法为 OSS 服务器添加文件。putObject()方法的第一个参数表示 Bucket 的名称，第二个参数表示文件存放的位置，第三个参数表示文件输入流，第四个参数表示此次传输的元数据，此参数可省略。

5．编写 Java 类操作 OSS

在 controller 目录中编写处理文件上传的类，代码如例 4-4 所示。

【例 4-4】TestWebController 处理类

```
1.  @RestController
2.  public class TestWebController {
3.
```

```
4.      @Autowired
5.      OSSUtil ossUtil;
6.
7.      @PostMapping("/testUpload")
8.      public String TestUpload(MultipartFile multipartFile){
9.          try {
10.             //创建文件输入流
11.             InputStream inputStream=multipartFile.getInputStream();
12.             //获取原文件名称
13.             String originalFilename=multipartFile.getOriginalFilename();
14.
15.             String s=ossUtil.uploadFileOSS(inputStream, originalFilename);
16.             System.out.println(s);
17.         } catch (IOException e) {
18.             e.printStackTrace();
19.         }
20.         return "ok";
21.     }
22. }
```

在例 4-4 中，第 11 行代码从 MultipartFile 对象中取出输入流，第 13 行代码从 MultipartFile 对象中取出原文件名，调用 OSSUtil 的 uploadFileOSS()，将文件上传到 OSS 服务器。

6. 测试上传文件到 OSS 服务器

在 Postman 中访问上传接口，具体步骤如图 4.2 所示。上传之后，登录阿里云控制台，查看对应 Bucket 中的文件，如图 4.5 所示。

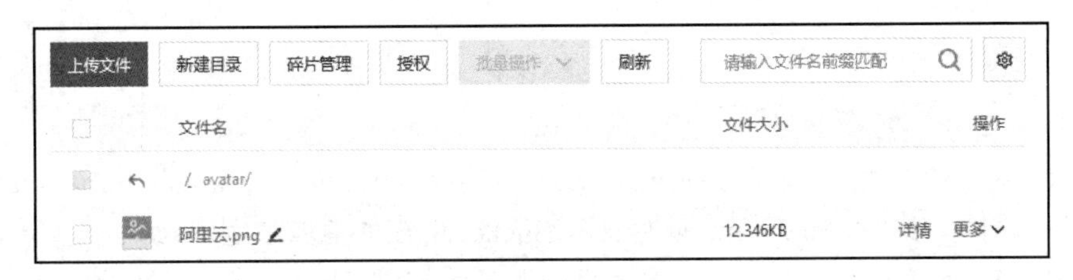

图 4.5 阿里云 OSS 资源

从图 4.5 中可以看出，文件已上传成功。

4.3 跨域处理

在前后端分离的情况下，跨域是每位开发人员都会遇到的问题。本节将详细讲解跨域原理以及跨域问题的处理方法，读者需要重点掌握这些内容。

4.3.1 同源安全策略与跨域

浏览器中为了保证用户的环境安全，提出了同源安全策略。这个策略将会限制一个“源”的 JavaScript 代码与另一个“源”的资源进行交互，例如常见的 AJAX 请求，当 AJAX 请求在一个“源”访问另一个“源”时就会发生跨域问题。

在访问的请求头中，源代指 Origin 字段，跨域指的是请求发生在两个不同源之间，即双方的 Origin 字段不同。当跨域时，浏览器将不会把服务器返回的数据交给 JavaScript 代码。在以下情况下访问，浏览器将认为此次请求跨域。

```
http://127.0.0.1:8080 → http://127.0.0.1:8081          //端口号不同
http://127.0.0.2:8080 → http://127.0.0.1:8080          //IP 地址不同
http://127.0.0.1:8080 → https://127.0.0.1:8080         //协议名不同
http://127.0.0.1:8080 → http://myservice:8080          //IP 地址与它对应的域名
```

在以上代码中，当端口号、IP 地址和协议名不同时，浏览器会认为此次请求是跨域请求。需要注意的是，即使使用 IP 地址来请求与此 IP 地址对应的域名时，浏览器也会认为此次请求跨域。

4.3.2　浏览器对跨域的处理

当此次请求跨域时，服务器将会把请求分为两种类别进行处理：一种是简单请求；另一种是非简单请求。符合以下条件的请求将被认为是简单请求。

（1）请求头为 HEAD、GET 和 POST。

（2）HTTP 的头信息不超过以下字段。

```
Accept
Accept-Language
Content-Language
Last-Event-ID
Content-Type      //此字段只限于 3 个值:application/x-www-form-urlencoded、
                  //multipart/form-data 和 text/plain
```

不符合以上条件的请求被认为是非简单请求。

1. 简单请求

当请求的双方不同源，并且请求为简单请求时，浏览器会在请求头添加 Origin 字段。当此次请求发送到服务器时，服务器正常处理请求，将处理结果返回。接下来，浏览器接收到服务器返回的响应头，如果响应头中 Access-Control-Allow-Origin 字段中的值与请求头中的 Origin 值不同，或者响应头中不含有 Access-Control-Allow-Origin 字段时，浏览器拒绝将服务端返回的信息交给 JavaScript 代码。

下面举例演示简单请求的跨域，在 Controller 层中编写以下代码。

```
@RestController
public class TestWebController {

    @RequestMapping("/server")
    public String TestCrossOrigin(){
        System.out.println("执行方法");
        return "ok";
    }
}
```

在以上代码中模仿了业务的处理。接下来，创建前端代码模拟前后端分离场景。在桌面创建 index.html 文件，代码如下所示。

```
<!DOCTYPE html>
<html lang="en">
```

```
<head>
    <meta charset="UTF-8">
    <meta http-equiv="X-UA-Compatible" content="IE=edge">
    <meta name="viewport" content="width=device-width, initial-scale=1.0">
    <title>AJAX GET 请求</title>
    <style>
    #result{
        width: 200px;
        height: 150px;
        border:solid 1px blue;
    }
    </style>
</head>
<body>
    <div id="result"></div>
    <button>单击发送请求</button>
    <script>
        var btn=document.getElementsByTagName('button')[0];
          var result=document.getElementById("result");
          btn.onclick=function(){
            const xhr=new XMLHttpRequest();
            xhr.open('GET','http://localhost:8080/server');
            xhr.send();
            xhr.onreadystatechange=function(){
                if(xhr.readyState===4){
                    if(xhr.status>=200 && xhr.status<300){
                        result.innerHTML=xhr.response;
                    }else{
                    }
                }
            }
        }
    </script>
</body>
</html>
```

以上代码发送了一个 AJAX 请求。在浏览器中打开此文件，向 Controller 发送请求，步骤如图 4.6 所示。

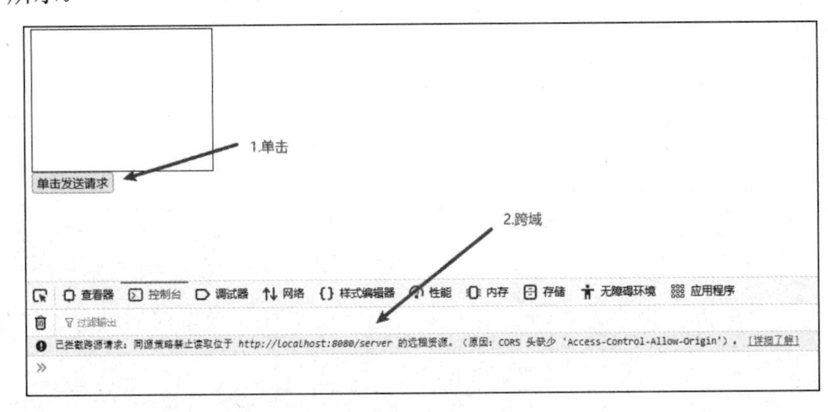

图 4.6　跨域问题

从图 4.6 中可以看出，单击“单击发送请求”按钮后，发生了跨域问题。而此时，在服务器的控制台中，方法已经被执行，再次查看浏览器的网络请求，如图 4.7 所示。

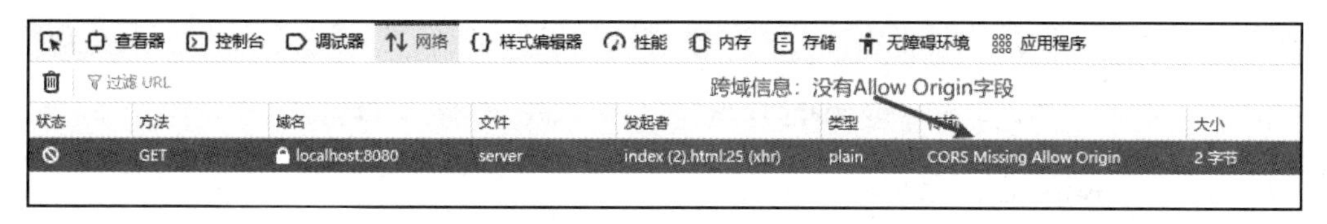

图 4.7　简单跨域请求

从图 4.7 中可以看出，此条请求失败。在此可以得出结论：此请求虽然在服务端执行成功，但是服务端执行的结果没有返回给 AJAX 脚本。

2. 非简单请求

当请求的双方不同源且请求为非简单请求时，浏览器会首先发送一个预检测请求，此请求为 OPTIONS 类型的请求，不携带任何其他信息。当服务器收到此请求时，返回一个 Access-Control-Allow-Origin 字段。当浏览器发现 Access-Control-Allow-Origin 字段的值包含 Origin 值时，才会发送第 2 条真正的请求，否则不发送真正的请求。

下面举例演示非简单请求的跨域问题。使用简单请求的示例更改 index.html 文件，需要更改的代码如下所示。

```
xhr.open('DELETE','http://localhost:8080/server');
```

在以上代码中，请求的类型更改为 DELETE，在此发送请求，查看浏览器的请求网络，如图 4.8 所示。

查看器　控制台　调试器　网络　样式编辑器　性能　内存　存储　无障碍环境

过滤 URL　所有　HTML

状态	方法	域名	传输
	OPTIONS	localhost:8080	CORS Missing Allow Origin
	DELETE	localhost:8080	NS_ERROR_DOM_BAD_URI

图 4.8　复杂跨域请求

从图 4.8 中可以看出，在第一次 OPTIONS 请求中，发生了跨域问题，之后真正的 DELETE 请求没有发送成功，业务没有被执行，保证了服务器的安全。

4.3.3　CORS 处理跨域问题

后端利用跨域资源共享（Cross Origin Resource Sharing，CORS）来处理跨域问题。CORS 允许浏览器向跨源服务器发出 XMLHttpRequest 请求，从而克服了 AJAX 只能同源使用的限制。

1. 开发环境下的跨域配置

下面使用示例演示开发环境下处理跨域的方法，在 IDEA 中编写 WebMvc 配置，代码如例 4-5 所示。

【例 4-5】TestWebController 处理类

```
1.  @Component
2.  public class MyFilter implements WebMvcConfigurer {
3.
4.      @Override
5.      public void addCorsMappings(CorsRegistry registry) {
6.
7.          registry.addMapping("/**")
8.                  .allowedOrigins("*")
9.                  .allowedMethods("POST", "GET", "PUT", "OPTIONS", "DELETE")
10.                 .allowCredentials(false)
11.                 .maxAge(3600);
12.         WebMvcConfigurer.super.addCorsMappings(registry);
13.     }
14. }
```

在以上代码中，创建了实现 WebMvcConfigurer 的类，并覆盖 addCorsMappings()方法。在此方法中，addMapping()方法添加需要拦截的请求，/**表示拦截所有请求；allowedOrigins("*")方法将响应头中的 Access-Control-Allow-Origin 字段设置为*，表示此服务器接收任意请求；allowedMethods()方法负责设置允许的请求方式；allowCredentials()方法将此次请求相应头中的 Access-Control-Allow-Credentials 设置为 false，表示此次请求不允许携带 cookie。

在此需要注意的是，当 Access-Control-Allow-Origin 请求设置为*时，Access-Control-Allow-Credentials 不允许设置为 true。如果设置为 true，将会出现跨站伪造请求（Cross Site Request Forgery）的漏洞。感兴趣的读者可以了解跨站伪造请求的相关知识。

再次访问桌面上的 index.html，查看请求状态，如图 4.9 所示。

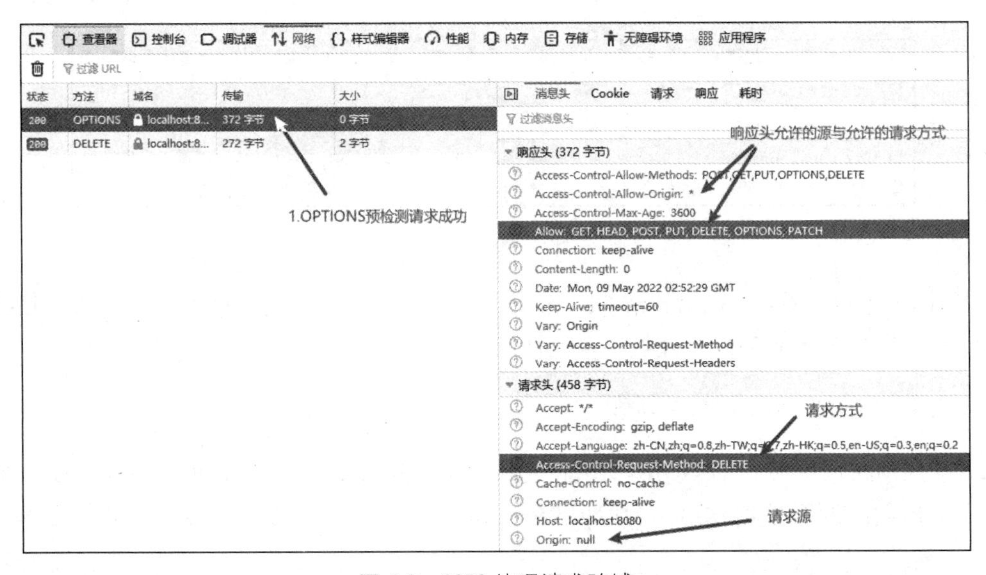

图 4.9　CORS 处理请求跨域

在图 4.9 中，浏览器判断此次请求出现跨域且该请求为非简单请求，因此发送 OPTIONS 请求。在此次 OPTIONS 请求中，响应头 Access-Control-Allow-Origin 字段为*，表示服务器接收所有来源的请求，并且 Access-Control-Allow-Methods 字段中含有 DELETE 请求方式，此次请求成功。

2. 生产环境下的跨域配置

以上配置仅适用于开发环境下，在生产环境下使用可能出现安全问题。下面介绍生产环境下的跨域配置。

在生产环境下 Access-Control-Allow-Origin 字段不允许设置为*，此字段需要设置为前端项目的源。在服务器中打开 index.html 示例，访问后台请求并查看 Origin 字段，在此使用 WebStorm 软件作为示例，请求如图 4.10 所示。

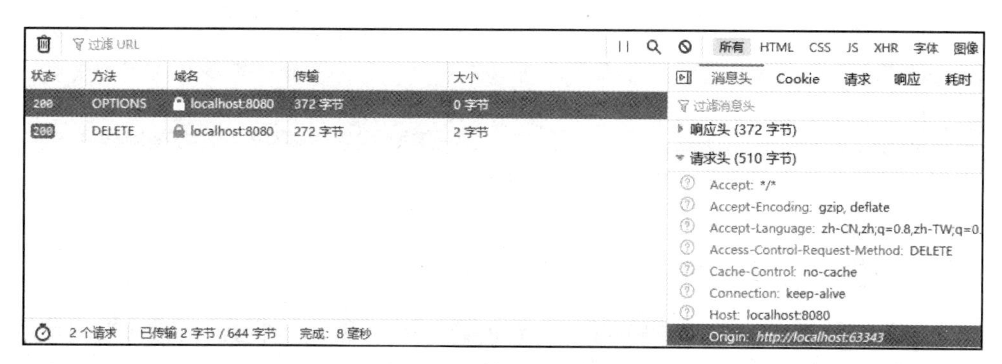

图 4.10 普通跨域设置

在图 4.10 中，使用 WebStorm 作为源打开的界面中，发送的跨域请求将会在请求头中附加 Origin 字段，在此 Origin 字段为 http://localhost:63343 表示此界面的来源，响应头中 Access-Control-Allow-Origin 的值为*表示所有源的请求都接受，因此此次请求成功。而在生产环境下，需要拒绝除 http://localhost:63343 源之外的跨域请求，因此需要修改服务端代码。修改例 4-5 中的代码，修改后如下所示。

```
@Component
public class MyFilter implements WebMvcConfigurer {

    @Override
    public void addCorsMappings(CorsRegistry registry) {

        registry.addMapping("/**")
                .allowedOrigins("http://localhost:63343")
                .allowedMethods("POST", "GET", "PUT", "OPTIONS", "DELETE")
                .allowCredentials(false)
                .maxAge(3600);
        WebMvcConfigurer.super.addCorsMappings(registry);
    }
}
```

在以上代码中，将 allowedOrigins()方法中参数设置为 http://localhost:63343，再次发送请求，结果如图 4.11 所示。

从图 4.11 中可以看出，服务器返回的响应头中允许的源与客户端请求的源相同，浏览器允许此次跨域请求。

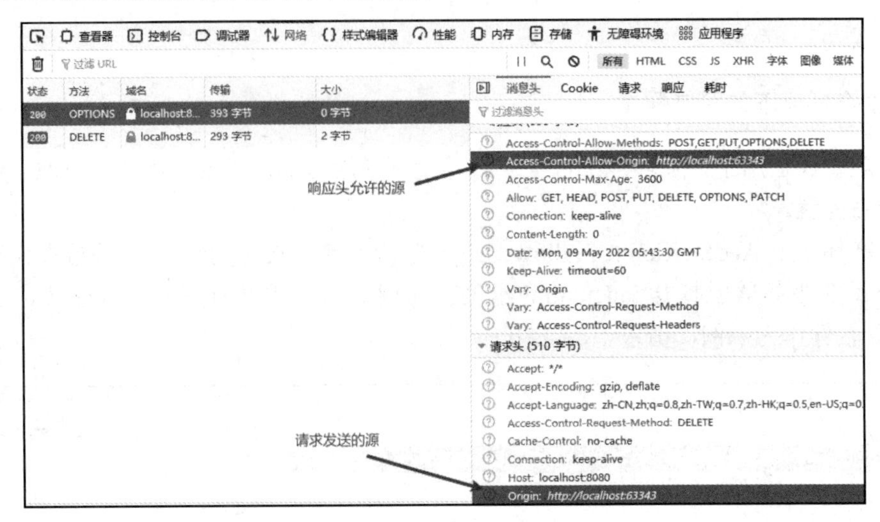

图 4.11　生产环境下的跨域设置

4.3.4　Nginx 代理访问

除了使用 CORS，还可以使用 Nginx 代理解决跨域问题，这种方式经常在前端使用。接下来，本小节将讲解用 Nginx 代理解决跨域的方法。未掌握 Nginx 的读者可提前学习 Nginx。

Nginx 代理解决跨域的原理是，利用浏览器判断跨域的方法将请求设置为非跨域形式，之后将真实的请求发送给服务端，完成请求操作。请求的过程如图 4.12 所示。

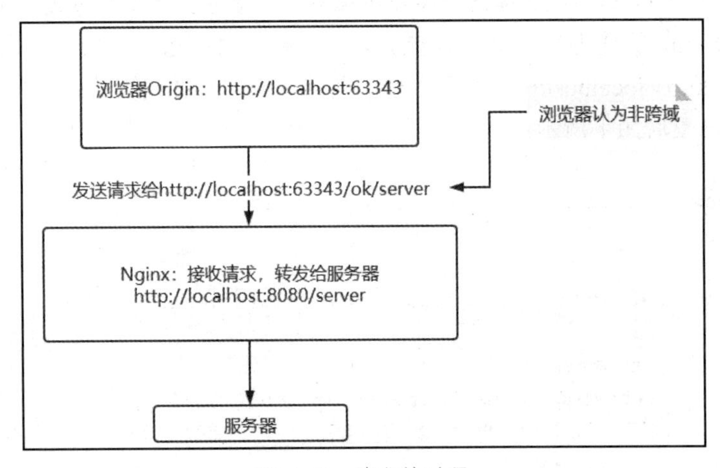

图 4.12　请求的过程

在图 4.12 中，前端的源是 http://localhost:63343，使用此源发送请求给 http://localhost:63343/ok/server，在此次请求的过程中请求方式、端口号、IP 地址均相同，则浏览器判断此次请求不是跨域请求，随后使用 Nginx 接收 http://localhost:63343/ok/server 请求，将其转发给 http://localhost:8080/server，最后服务器处理后返回数据，因为是非跨域请求，浏览器直接将结果赋予 AJAX 请求，请求成功。

接下来，安装 Nginx，将 index.html 放到 Nginx 中，并且设置 Nginx 的配置文件，代码如下所示。

```
server {
      #监听 63343 端口
      listen       63343;
      server_name  localhost;
      #拦截以"ok"开头的请求，将其转发到 http://127.0.0.1:8080/
      location /ok {
         #访问 http://localhost:63343/ok/server 将会被转发为
         #http://127.0.0.1:8080/server
         proxy_pass http://127.0.0.1:8080/;
      }
      #访问 index.html
      location / {
         root   html;
         index  index.html;
      }
   }
```

在以上代码中，使用 Nginx 监听 63343 端口，并且拦截以“ok”开头的请求，利用 proxy_pass 将请求转发，在 index.html 中的 http://localhost:63343/ok/server 请求将会被拦截，发送到 http://127.0.0.1:8080/server 中。

将后台配置的跨域去掉，访问 index.html，发送请求，结果如图 4.13 所示。

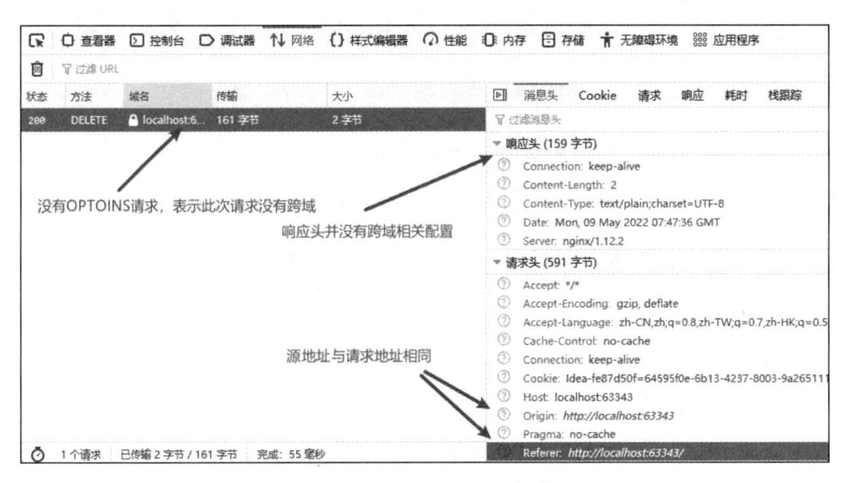

图 4.13 Nginx 解决跨域请求

从图 4.13 中可以看出 OPTOINS 请求没有出现，即此请求没有跨域，Nginx 配置跨域成功。

4.4 Knife4j

Swagger 是企业级开发常用的接口测试工具，它省去了程序员开发过程中编写接口文档的时间，但是原生 Swagger 的界面功能很少，而且不支持文档输出，因此本节介绍基于 Swagger 的升级版接口测试工具 Knife4j。

4.4.1 Knife4j 简介

在前后端分离开发中，为了减少与前端沟通的成本，通常会建立一个 RESTful API 文档，但是手动编写文档需要耗费很多精力，因此接口测试工具 Knife4j 便应运而生。

Knife4j 是一个开源软件框架，可以帮助开发人员生成接口文档，并进行及时调试。Knife4j 可以非常轻松地被整合到 Spring Boot 项目中，下面讲解 Spring Boot 整合 Knife4j 的方法。

4.4.2 Spring Boot 整合 Knife4j

在 pom.xml 中引入 Knife4j 的依赖包，代码如下所示。

```
<dependency>
        <groupId>com.github.xiaoymin</groupId>
        <artifactId>knife4j-spring-boot-starter</artifactId>
        <version>2.0.8</version>
</dependency>
```

引入依赖包后，编写 Knife4j 的配置类，代码如例 4-6 所示。

【例 4-6】Knife4j 测试中配置代码

```
1.  @Configuration
2.  @EnableSwagger2WebMvc
3.  public class Knife4jConf {
4.
5.      @Bean(value="defaultApi2")
6.      public Docket defaultApi2() {
7.          Docket docket=new Docket(DocumentationType.SWAGGER_2)
8.                  .apiInfo(new ApiInfoBuilder()
9.                          .title("测试 Swagger")
10.                         .description("测试 RESTful APIs")
11.                         .termsOfServiceUrl("")
12.                         .version("1.0")
13.                         .build())
14.                 //分组名称
15.                 .groupName("2.X 版本")
16.                 .select()
17.                 //这里指定 Controller 扫描包路径
18.                 .apis(RequestHandlerSelectors.basePackage("com.example.test"))
19.                 .paths(PathSelectors.any())
20.                 .build();
21.         return docket;
22.     }
23. }
```

在例 4-6 中，第 2 行代码使用@EnableSwagger2WebMvc 注解向容器中导入 Knife4j 相关配置；第 6 行代码编写配置类，向容器中添加 Docket 类。在 Docket 类的配置中，需要注意的是 title()、description()和 basePackage()方法，这些方法分别表示项目的标题、项目的描述和注解扫描的包路径。

接下来创建 Student 类，并将其作为 Knife4j 操作的实体类。Student 类代码如下所示。

```
@Data
@ApiModel(value="学生对象", description="学生类")
public class Student {

    @ApiModelProperty(value="主键自增")
    Integer id;
```

```
    @ApiModelProperty(value="姓名")
    String name;
    @ApiModelProperty(value="年龄")
    Integer age;
}
```

在以上代码中，@ApiModel 注解标注一个类为实体类，@ApiModel 注解中的 value 属性表示数据类型，description 属性表示参数说明；@ApiModelProperty 注解标注在属性上，该注解中的 value 属性表示参数说明。

创建针对实体类的 Mapper、Service 和 Controller，在此只列举 Controller 层，代码如例 4-7 所示。

【例 4-7】Knife4j 测试中 Controller 层代码

```
1.  @RestController
2.  @RequestMapping("/student")
3.  @Api(tags="学生类增加与查询")
4.  public class TestWebController {
5.      StudentService studentService;
6.      @Autowired
7.      void TestWebController(StudentService studentService){
8.          this.studentService=studentService;
9.      }
10.     @GetMapping("/{id}")
11.     @ApiOperation(value="通过 id 查询数据",
12.             notes="id 必传",
13.             httpMethod="GET")
14.     public Student TestGetStudent(@PathVariable("id") Integer id){
15.         Student studentById=studentService.getStudentById(id);
16.         return studentById;
17.     }
18.     @PostMapping()
19.     @ApiOperation(value="通过 Student 对象插入数据",
20.             notes="传入 name 和 age 字段",
21.             httpMethod="POST")
22.     public int TestInsertStudent(@RequestBody Student student){
23.         int i=studentService.insertStudent(student);
24.         return i;
25.     }
26. }
```

在例 4-6 的 Controller 层代码中，编写了获取学生与增加学生的两个方法，针对这两个方法，使用 Knife4j 注解进行解释说明；第 3 行代码使用@Api 注解标明此类的名称；第 11～13 行代码使用@ApiOperation 注解标注一个方法，其中，value 属性表示此方法的说明，notes 属性表示此属性的提示，httpMethod 属性指定了此请求的访问方式。

编写完后，运行项目，访问 http://localhost:8080/doc.html 即可看到 Knife4j 界面，如图 4.14 所示。

在图 4.14 中，每个方法都会列在左侧面板中，界面面板中的请求即可进行调试，在此调用查询方法，查询 id 为 1 的学生，输出结果如图 4.15 所示。

图 4.14　Knife4j 界面

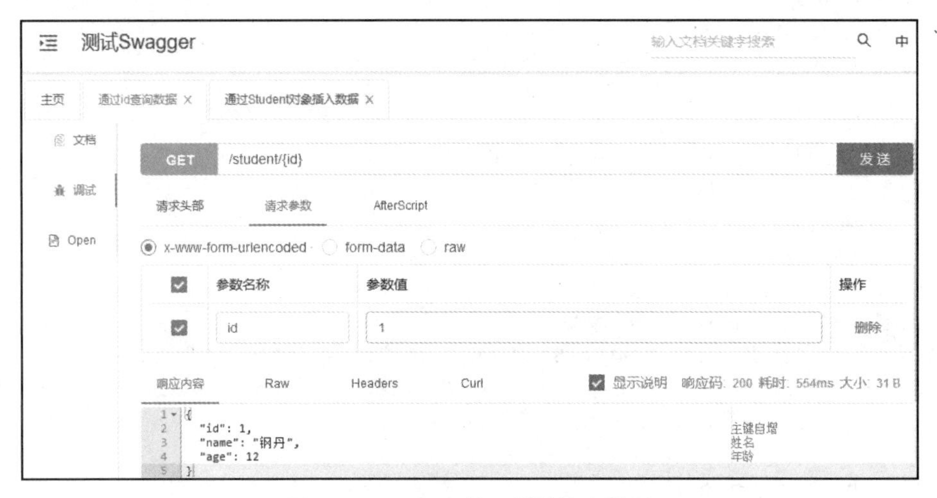

图 4.15　Knife4j 接口测试输出结果

从图 4.15 中可以看出，接口测试已成功。

4.5　异步任务与定时任务

在企业级开发中，经常会使用到异步任务和定时任务。在 Spring Boot 中，开发人员可以使用异步注解和定时注解简单、有效地实现相应功能。本节将带领读者了解异步任务注解与定时任务注解的使用。

4.5.1　异步任务

异步任务是指在主线程外执行的非阻塞任务。此任务的执行不会影响主线程。

1. 异步注解@Async

使用异步注解@Async 可以把一个方法异步执行。创建 TestAsync 类测试异步任务，代码如下所示。

```
@Service
@EnableAsync
public class TestAsync {
    @Async
    public void runTestTask(){
        try {
            Thread.sleep(3000);
            System.out.println(
                    Thread.currentThread().getName()+"线程执行异步任务"
            );
        } catch (InterruptedException e) {
            e.printStackTrace();
        }
    }
}
```

在以上代码中，使用@EnableAsync 注解标注一个配置类，启用异步注解，随后使用@Async 注解标注一个方法。当被@Async 注解标注的方法执行时，Spring 会使用其他的线程执行此任务，不影响主线程的执行。在以上代码的异步方法中，首先使线程睡眠 3 秒，随后输出当前线程的名称。

编写 Controller 方法，代码如下所示。

```
@Autowired
TestAsync testAsync;

@RequestMapping("/testAsync")
public void setTestAsync(){
    testAsync.runTestTask();
    System.out.println("主线程 Controller 异步任务结束");
}
```

在以上代码中，首先调用了异步方法 runTestTask()，随后输出结束标志。调用此服务，观察控制台的输出情况，最终输出结果如下所示。

```
主线程 Controller 异步任务结束
SimpleAsyncTaskExecutor-1 线程执行异步任务
```

从以上输出结果可以看出，主线程结束之后，才执行异步任务。在此例中，调用异步任务后，Spring 会另起一个 SimpleAsyncTaskExecutor 线程执行任务，随后遇到线程睡眠代码，进入睡眠状态。在调用异步任务后，主线程会向下执行，输出“主线程 Controller 异步任务结束”，此时主线程已经完成任务。而 SimpleAsyncTaskExecutor 线程必须等到睡眠结束后，才会输出“SimpleAsyncTaskExecutor-1 线程执行异步任务”。

2. 异步任务配合线程池

在以上示例中，Spring 默认采用 SimpleAsyncTaskExecutor 线程进行处理，但是此种方式是不可控的。使用此种方式，若在同一时刻涌入大量的异步任务，会造成系统使用的线程数量激增，影响其他服务。

在企业级开发中，通常为异步任务指定执行线程池，使其异步执行可控。

在 config 目录中创建 ThreadPoolConfig 类，配置异步任务的线程池，代码如例 4-8 所示。

【例 4-8】异步任务测试中线程池代码

```
1.  @Configuration
2.  public class ThreadPoolConfig {
3.
4.      @Bean("myTestExecutor")
5.      public ThreadPoolTaskExecutor threadPoolTaskExecutor_1() {
6.          System.out.println("线程池 threadPoolTaskExecutor1 初始化===>开始");
7.          ThreadPoolTaskExecutor threadPoolTaskExecutor=
8.                  new ThreadPoolTaskExecutor();
9.
10.         //核心线程数为 10: 线程池创建时初始化的线程数
11.         threadPoolTaskExecutor.setCorePoolSize(10);
12.         //最大线程数为 30: 线程池最大的线程数
13.         //只有在缓冲队列满了之后才会申请超过核心线程数的线程
14.         threadPoolTaskExecutor.setMaxPoolSize(30);
15.         //缓冲队列为 100: 用来缓冲执行任务的队列
16.         threadPoolTaskExecutor.setQueueCapacity(100);
17.         //允许线程的空闲时间为 60 秒: 超过了核心线程数之外的线程
18.         //在空闲时间到达之后会被销毁
19.         threadPoolTaskExecutor.setKeepAliveSeconds(60);
20.         //线程池名的前缀: 方便定位处理任务所在的线程池
21.         threadPoolTaskExecutor.setThreadNamePrefix("MyThreadExecutor-");
22.         //线程池对拒绝任务的处理策略: 这里采用了 CallerRunsPolicy 策略
23.         //当线程池没有处理能力的时候，该策略会在 execute()方法的调用线程中运行此任务;
24.         //如果执行程序已关闭，则会丢弃该任务
25.         threadPoolTaskExecutor.setRejectedExecutionHandler(
26.                 new ThreadPoolExecutor.CallerRunsPolicy()
27.         );
28.         //关闭线程池的时候，是否等待当前任务执行完成
29.         threadPoolTaskExecutor.setWaitForTasksToCompleteOnShutdown(true);
30.         //等待当前任务完成的超时时间为 60 秒，如果一直等待就会造成阻塞
31.         threadPoolTaskExecutor.setAwaitTerminationSeconds(60);
32.
33.         //初始化线程池
34.         threadPoolTaskExecutor.initialize();
35.         System.out.println("线程池 threadPoolTaskExecutor1 初始化===>完成");
36.         return threadPoolTaskExecutor;
37.     }
38. }
```

在以上代码中，向容器中添加自定义线程池 ThreadPoolTaskExecutor。具体自定义配置的作用在代码注释中给出解释。

在此需要注意的是，当异步任务执行时，会先查看容器中是否有名为 taskExecutor 的线程池，如果存在则使用，如果不存在则使用默认的 SimpleAsyncTaskExecutor。在例 4-8 中将 ThreadPoolTaskExecutor 类重命名为 taskExecutor 时，异步任务会自动检测到，无须其他配置，但当自定义线程名称不是 taskExecutor 时，需要在@Async 注解中添加自定义线程的名称，代码如下所示。

```
@Async("myTestExecutor")
Public void get(){...}
```

完成配置后，重新启动容器，访问异步控制器，输入结果如下所示。

```
主线程 Controller 异步任务结束
MyThreadExecutor-1 线程执行异步任务
```

从以上代码中可以看出，使用的线程已经切换为自定义线程。

4.5.2 定时任务

1. @Scheduled 定时注解

Spring 提供了@Scheduled 注解来执行定时任务，接下来使用示例演示@Scheduled 注解的使用方法。

在 service 目录下创建 TestSchedule 类，代码如例 4-9 所示。

【例 4-9】定时任务测试中定时任务代码

```
1.  @Service
2.  @EnableScheduling
3.  public class TestSchedule {
4.      //每秒执行一次
5.      @Scheduled(cron="*/1 * * * * ?")
6.      public void testMySchedule(){
7.          try {
8.              Thread.sleep(3000);
9.              System.out.println(
10.                 Thread.currentThread().getName()+"线程执行定时任务"
11.             );
12.         } catch (InterruptedException e) {
13.             e.printStackTrace();
14.         }
15.     }
16. }
```

在例 4-9 中，第 2 行代码使用@EnableScheduling 注解向容器中导入定时任务相关组件；在第 5 行代码的测试方法上添加@Scheduled 注解，此注解需要 corn 表达式规定执行的时间；第 8～11 行代码，首先让线程睡眠 3 秒，随后输出当前的线程名称。

当 corn 表达式编写完毕时，启动容器，此方法将会按照指定的时间段执行方法。

2. corn 表达式

corn 表达式通常有 7 个字段，从左到右分别代表秒、分、时、日、月、星期和年。

```
{秒} {分钟} {小时} {日期} {月份} {星期} {年份(可为空)}
```

下面举例展示 corn 表达式的编写方式。

```
30 10 1 20 10 ? *       //每年 10 月 20 号 1 点 10 分 30 秒触发任务
*/5 * * * * ?           //每隔 5 秒执行一次
0 3/1 * * * ?           //从第 3 分钟开始，每隔 1 分钟执行一次
0 0 5-15 * * ?          //每天 5-15 点整点触发
0 0/3 * * * ?           //每 3 分钟触发一次
```

在以上代码中，?代表不确定值；*代表任意时间都符合；指定数字表明在某个时刻执行；/表示设置起始时间，如 1/2 表示从第 1 单位开始执行，每两个单位执行一次。

在例 4-9 中，corn 表达式表示每秒执行一次。运行例 4-9 的示例代码，输出结果如下所示。

```
scheduling-1 线程执行定时任务
scheduling-1 线程执行定时任务
scheduling-1 线程执行定时任务
```

在以上代码中，定时任务执行成功，但是执行间隔是 4 秒，并且每次都是由一个线程来执行此定时任务，这是因为 Spring 在执行定时任务时会启动一个 scheduling 线程来运行所有的定时任务，当其中一个定时任务出现阻塞时，其他的定时任务也会受到影响。

在此使用异步加定时任务解决定时任务的单线程阻塞问题。在定时任务注解上方添加 @Async 注解，重新启动容器，输出结果如下所示。

```
MyThreadExecutor-1 线程执行定时任务
MyThreadExecutor-2 线程执行定时任务
MyThreadExecutor-3 线程执行定时任务
```

从以上结果可以看出，定时任务使用了自定义的线程池。输出的时间间隔也恢复为 3 秒。至此，定时任务配置完毕。

4.6 Thymeleaf 模板引擎

Thymeleaf 是使用较为广泛的 Java 模板引擎。与传统 JSP 不同的是，Thymeleaf 支持 HTML 原型，可以为开发工程师实时显示页面情况。此外，Spring Boot 提供了 Thymeleaf 的自动配置解决方案，因此在 Spring Boot 中使用 Thymeleaf 更加方便。本节将向读者介绍 Thymeleaf 的使用。

1. 添加依赖

创建工程，向 pom.xml 中添加以下依赖。

```
<dependency>
    <groupId>org.springframework.boot</groupId>
    <artifactId>spring-boot-starter-web</artifactId>
</dependency>
<dependency>
    <groupId>org.springframework.boot</groupId>
    <artifactId>spring-boot-starter-thymeleaf</artifactId>
</dependency>
```

2. 配置 Thymeleaf

Spring Boot 为 Thymeleaf 提供了自动配置类 ThymeleafAutoConfiguration，如图 4.16 所示。

```
@Configuration(
    proxyBeanMethods = false
)
@EnableConfigurationProperties({ThymeleafProperties.class})
@ConditionalOnClass({TemplateMode.class, SpringTemplateEngine.class})
@AutoConfigureAfter({WebMvcAutoConfiguration.class, WebFluxAutoConfiguration.class})
public class ThymeleafAutoConfiguration {
    public ThymeleafAutoConfiguration() {
    }
```

引入自定义配置

图 4.16　Thymeleaf 自动配置类

从图 4.16 中可以看出，此自动配置引入了 ThymeleafProperties 类作为参数类，此参数类的核心代码如下所示。

```
@ConfigurationProperties(
        prefix="spring.thymeleaf"
)
public class ThymeleafProperties {
    private static final Charset DEFAULT_ENCODING;
    public static final String DEFAULT_PREFIX="classpath:/templates/";
    public static final String DEFAULT_SUFFIX=".html";
    private String prefix="classpath:/templates/";
    private String suffix=".html";
}
```

在以上代码中，使用@ConfigurationProperties 注解从配置文件中取出模板引擎的存放位置 prefix 和后缀 suffix。如果配置文件中没有配置这些属性，则使用 DEFAULT_PREFIX 为 prefix 赋值，使用 DEFAULT_SUFFIX 为 suffix 赋值。由此可以看出，默认模板引擎的存放位置为类路径的 templates 文件夹下。

3．编写控制器

创建 StudentController 类和 Student 类，StudentController 类代码如下所示。

```
@Controller
public class StudentController {
    @RequestMapping("/getStudent")
    public ModelAndView getStudent(){
        ModelAndView modelAndView=new ModelAndView();
        Student student=new Student("zhangsan",12);
        modelAndView.setViewName("student");
        modelAndView.addObject("student",student);
        return modelAndView;
    }
}
```

在 Controller 代码中返回一个 ModelAndView 类，设置其附带的内容。

4．编写 HTML 页面

在 resources/templates 目录下创建 student.html 文件，编写其中的代码，代码如下所示。

```
<!DOCTYPE html>
<html lang="en">
<head>
    <meta charset="UTF-8">
    <title>Title</title>
</head>
    <body>
        <input th:value="${student.name}">
        <input th:value="${student.age}">
    </body>
</html>
```

在以上代码中使用 Thymeleaf 命令取出 Student 对象中的内容。随后启动应用访问/getStudent 控制器，结果如图 4.17 所示。

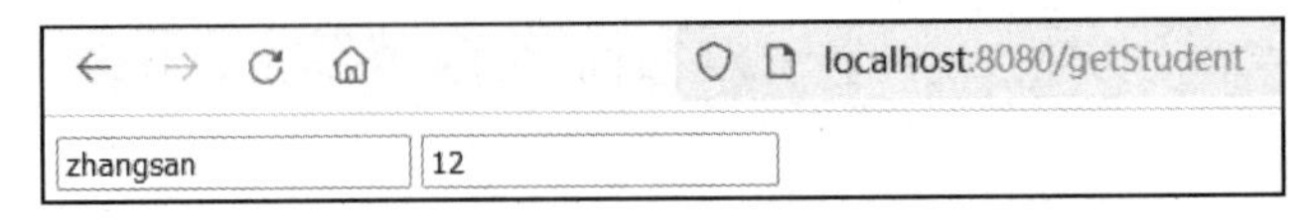

图 4.17　访问.html 文件界面

从图 4.17 中可以看出，Thymeleaf 模板生效，成功取出相应对象。

4.7　邮件服务

在开发中经常会碰到需要使用邮件的场景，例如发送邮件验证码、定时发送订阅邮件和订单信息等。除此之外，在运维时还会设置邮件监控报警，当系统下线时及时通知相关人员。本节将带领读者学习邮件服务的使用。

4.7.1　邮件服务核心概念

在发送邮件时需要两个重要的部件：一个是 SMTP 邮件服务器；另一个是 POP3/IMAP 邮件服务器。其中SMTP 邮件服务器负责为用户发送邮件和接收外界发送的邮件，POP3/IMAP 邮件服务器负责为用户查找对应邮件。整个邮件的发送流程如图 4.18 所示。

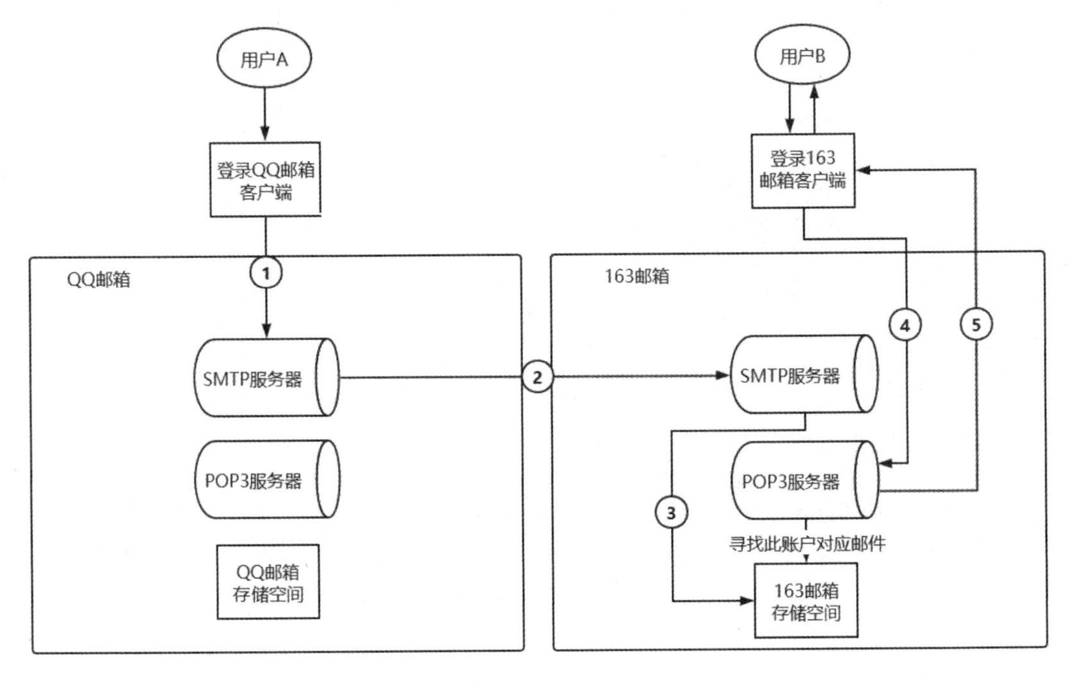

图 4.18　整个邮件的发送流程

下面详细讲解图 4.18 中 QQ 邮箱发送邮件到 163 邮箱的流程。

第一步，用户 A 使用 QQ 邮箱客户端发送邮件。

第二步，QQ 邮箱使用 SMTP 服务器将邮件发送到 163 邮箱的 SMTP 服务器。

第三步，163 邮箱的 SMTP 服务器将接收的邮件存放到 163 邮箱的存储空间，等待接收用户 B 来查询此消息。

第四步，用户 B 登录 163 邮箱，向 POP3 服务器索要用户 B 的消息。

第五步，POP3 服务器把寻找到的邮件返回给用户 B 的邮箱客户端。

4.7.2　简单邮件的发送

想要通过 SMTP 发送邮件，开发人员需要在发送账号中开启 SMTP 服务，此处的发送账号为 QQ 邮箱，因此，在 QQ 邮箱中设置 SMTP 服务的选项。

打开 QQ 邮箱的网页端，进行设置，操作如图 4.19 所示。

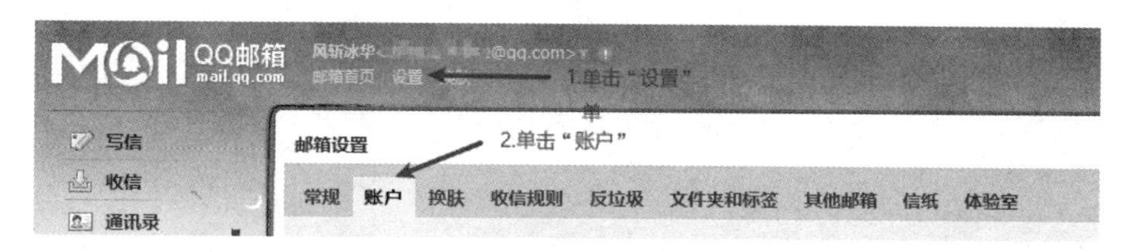

图 4.19　账户设置

在图 4.19 中，单击“设置”，跳转到邮箱设置界面，随后单击“账户”，进行账户设置。在服务配置界面将第 1 条服务开启，操作如图 4.20 所示。

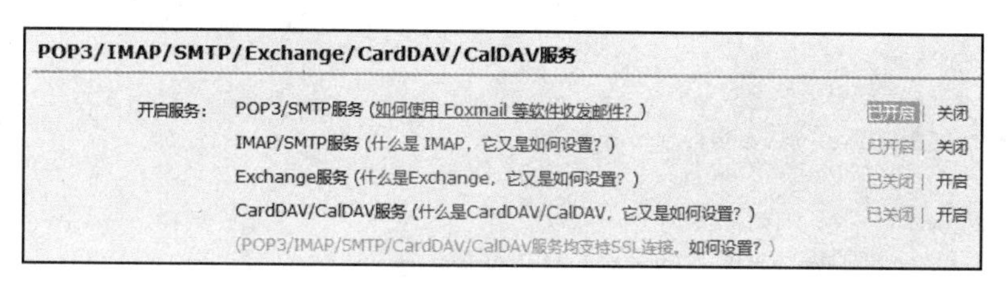

图 4.20　开启 SMTP 服务

在图 4.20 中，单击第 1 条 POP3/SMTP 服务右侧的“开启”按钮，按照步骤开启服务并生成授权码，如图 4.21 所示。

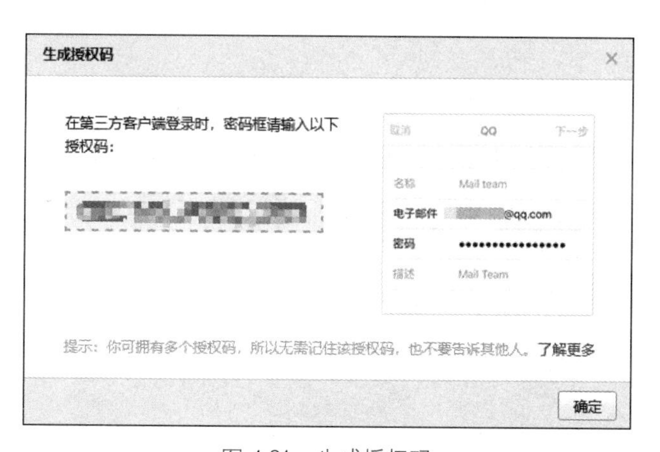

图 4.21　生成授权码

在图 4.21 中，将获取到的授权码保存下来。创建 testMail 项目，引入 Web 依赖与 Mail 依赖，代码如下所示。

```
<dependency>
   <groupId>org.springframework.boot</groupId>
   <artifactId>spring-boot-starter-web</artifactId>
</dependency>
<dependency>
   <groupId>org.springframework.boot</groupId>
   <artifactId>spring-boot-starter-mail</artifactId>
</dependency>
```

引入以上依赖后，进行邮件的相关配置，在 YAML 文件中添加以下代码。

```
spring:
  mail:
    host: smtp.qq.com
    username: xxx@qq.com
    password: xxx
    default-encoding: utf-8
```

在以上代码中，host 表示发送端的地址，此处为 QQ 邮箱，因此 host 为 smtp.qq.com；如果发送端为 163 邮箱，则 host 为 smtp.163.com，依此类推。username 表示发送端的账户名称，password 表示获取到的授权码。

配置完成后编写配置类，代码如下所示。

```
@Component
public class MailConfig {
   @Autowired
   JavaMailSender javaMailSender;

   public void testMail(){
      SimpleMailMessage smm=new SimpleMailMessage();
      smm.setFrom("×××@qq.com");
      smm.setTo("×××@163.com");
      smm.setSubject("简单测试");
      smm.setText("测试邮件");
      javaMailSender.send(smm);
   }
}
```

在以上代码中，通过@Autowired 注解注入 JavaMailSender 类，随后创建 SimpleMailMessage 对象，对此对象设置邮件的发送地址和邮件地址，同时附加上需要发送的主题和内容，最后使用 JavaMailSender 将设置好的 SimpleMailMessage 对象发送。

编写测试类，运行 testMail()方法，代码如下所示。

```
@SpringBootTest
class TestMailApplicationTests {
   @Autowired
   MailConfig mailConfig;
   @Test
   void contextLoads() {
      mailConfig.testMail();
   }
}
```

在以上代码中，使用@Autowired 注解注入 MailConfig 对象，调用 testMail()方法，查看 163 邮箱的接收邮件情况，如图 4.22 所示。

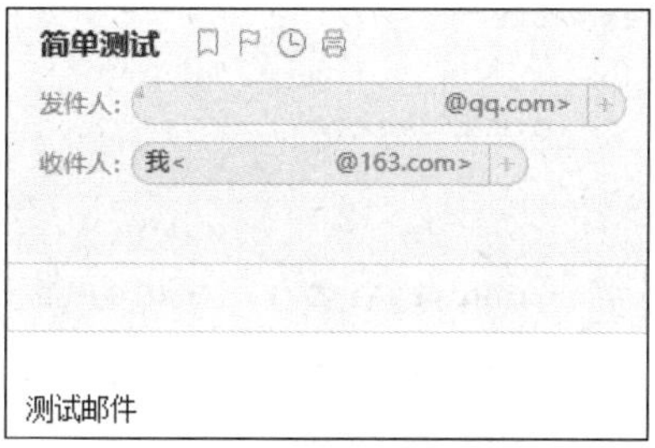

图 4.22　163 邮箱的接收邮件情况

从图 4.22 中可以看出，邮件发送成功。

4.7.3　模板邮件的发送

当需要发送具有 HTML 格式的页面时，可以使用 Thymeleaf 模板转换 HTML 页面。在 resources/templates 目录下创建 myMail.html，代码如下所示。

```
<!DOCTYPE html>
<html lang="en">
<head>
    <meta charset="UTF-8">
    <title>Title</title>
</head>
<body>
<span th:text="${id}"></span>
您好，请单击激活链接激活您的账户，<a href="#">单击激活</a>
</body>
</html>
```

在以上代码中，从 Context 存储中取出 id 变量渲染页面，并发送激活链接。接下来编写 TemplateMailConfig 类，代码如下所示。

```
@Component
public class TemplateMailConfig {
    @Autowired
    JavaMailSender javaMailSender;

    @Autowired
    SpringTemplateEngine springTemplateEngine;

    public void testMail() throws MessagingException {
        Context context=new Context();
        context.setVariable("id","zhangsan");
        String process=springTemplateEngine.process("myMail", context);

        MimeMessage mimeMessage=javaMailSender.createMimeMessage();

        //使用 Helper 封装并设置
        MimeMessageHelper smm=new MimeMessageHelper(mimeMessage);
        smm.setFrom("×××@qq.com");
        smm.setTo("×××@163.com");
        smm.setSubject("简单测试");
```

```
            smm.setText(process,true);

            javaMailSender.send(mimeMessage);
        }
    }
```

在以上代码中，首先创建 Context 容器，向此容器中添加一个信息，随后使用 springTemplateEngine 将模板名称和 context 转换成 String 格式，最后通过 MimeMessageHelper 封装后发送。

发送成功后，查看 163 邮箱中的邮件，结果如图 4.23 所示。

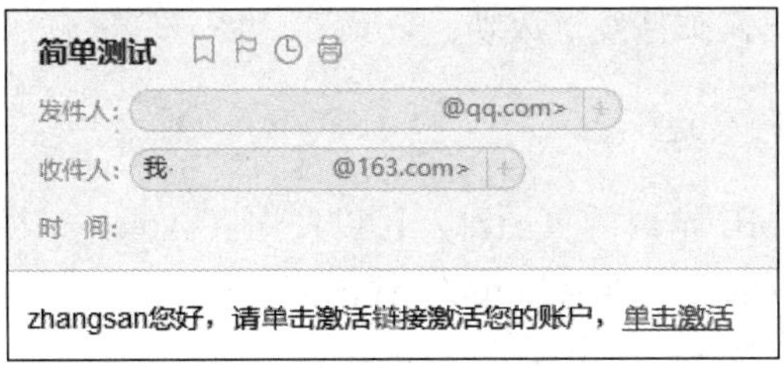

简单测试

发件人：@qq.com>

收件人：我 @163.com>

时 间：

zhangsan您好，请单击激活链接激活您的账户，单击激活

图 4.23　163 邮箱接收的邮件

从图 4.23 中可以看出，HTML 格式的邮件接收成功。

4.8　本章小结

本章主要讲解了 Spring Boot 中的核心知识点，具体内容包括：静态资源的访问，读者应该掌握自定义静态访问策略的方法，同时了解静态资源访问原理；文件上传的方式，读者需要掌握云服务器上传的步骤；跨域的处理，此知识点属于面试常问、工作常用的重点内容，读者需要重点掌握，并理解跨域的原理与处理方式；Knife4j 的使用，读者仅需了解此接口文档的使用；异步任务与定时任务，读者需要掌握异步任务与定时任务的编写；Thymeleaf 的自动配置和整合；邮件服务的使用，读者需要熟练掌握此内容。

4.9　习题

1．填空题

（1）Spring Boot 静态资源的配置分为________和________两个步骤。

（2）浏览器会将________之间的请求判定为跨域请求。

（3）在 Spring Boot 中可以使用________注解设置定时任务。

2．选择题

（1）当路径匹配符被设置为 test、资源目录被设置为 static 时，下列哪个请求可以访问到 resources 目录下 static 文件夹中的 1.jpg 资源？（　　）

A．http://localhost:8080/test/static/1.jpg　　　B．http://localhost:8080/static/1.jpg

C．http://localhost:8080/test/1.jpg　　　　D．http://localhost:8080/1.jpg

（2）关于跨域，下列描述错误的是（　　）。

A．http://127.0.0.1:8080 访问 http://myservice:8080 不会出现跨域问题

B．在 DELETE 请求跨域的情况下，浏览器会首先发送 OPTION 请求

C．跨域问题一般可以使用跨域资源共享或者 Nginx 代理的方式解决

D．CORS 跨域资源共享的核心是更改请求中的 Access-Control-Allow-Origin 字段

（3）关于异步任务与定时任务，下列说法错误的是（　　）。

A．@Async 标注一个方法，可以使此方法以异步的方式执行

B．@Async 注解默认使用新创建的默认线程，当任务量增多时，新建线程数也会增多

C．被@Scheduled 注解标注的方法将会异步地执行定时任务

D．@Scheduled 注解需要一个 corn 表达式来作为定时器

3．思考题

（1）简述静态访问资源的流程。

（2）简述跨域是什么，以及解决跨域问题的方法。

（3）简述异步任务与定时任务的使用。

第5章 Spring Boot单元测试

本章学习目标

- 了解单元测试中前置条件的使用。
- 了解单元测试中嵌套测试的使用。
- 了解单元测试中参数化测试的使用。
- 掌握单元测试中简单注解的使用。
- 掌握单元测试中断言的使用。

单元测试可以实现对每一个环节的代码进行测试。Spring Boot 相较于 Spring，对单元测试进行了极大的简化，开发人员只需要简单的代码就能搭建测试环境。接下来向读者介绍 Spring Boot 中单元测试的主要用法。

5.1 JUnit5 概述

在 Spring Boot 2.2.0 版本时，引入 JUnit5 作为单元测试的默认库，JUnit5 框架与之前版本的 JUnit 框架有很大的不同。JUnit5 由 3 个不同的模块组成，它们分别是 JUnit Platform、JUnit Jupiter 和 JUnit Vintage，下面详细简介这 3 个不同的模块。

1. JUnit Platform

JUnit Platform 是在 JVM 上启动测试框架的基础，不仅支持 JUnit 自制的测试引擎，其他测试引擎也都可以接入。

2. JUnit Jupiter

JUnit Jupiter 提供了 JUnit5 的新编程模型，它是 JUnit5 新特性的核心。其内部包含一个测试引擎，用以支持在 JUnit Platform 上运行。

3. JUnit Vintage

由于 JUnit 已经发展多年，为了兼顾旧的项目，JUnit Vintage 提供了兼容 JUnit4.x、JUnit3.x 的测试引擎。需要注意的是，在 Spring Boot 2.4 版本以上已经移除了兼容依赖 JUnit Vintage 的功能。如果想要兼容 JUnit4，开发人员需要自行引入。本节示例使用的是 Spring Boot 2.3.7.RELEASE 版本。

5.2 JUnit5 常用注解

本节将介绍单元测试中常用的注解。

1. @Test 注解

@Test 注解标注一个方法，表示此方法是一个测试方法。但是与 JUnit4 中的注解不同，JUnit5 中@Test 注解的职责单一，不能声明属性。

在 Maven 对应的测试包下创建测试类，代码如例 5-1 所示。

【例 5-1】TestApplicationTests.java

```
1.  @SpringBootTest
2.  class TestApplicationTests {
3.      @Autowired
4.      Student student;
5.      @Test
6.      void testJUnit() {
7.          System.out.println(student);
8.      }
9.  }
```

在例 5-1 中，使用@Test 注解标注 testJUnit()方法，在 testJUnit()方法上用鼠标右键单击后可以直接运行此方法。除此之外，@SpringBootTest 注解负责在 JUnit 运行之前为 Test 准备 Spring Boot 的容器支持。若在测试方法中需要用到 Spring 容器中的相关 Bean，则要在类上方加上@SpringBootTest 注解。

2. @ParameterizedTest 注解

@ParameterizedTest 注解标注在方法上，表示此方法采用参数化测试。具体参数化测试有关的内容将在 5.6 节进行详细讲解。

3. @RepeatedTest 注解

@RepeatedTest 注解标注在方法上，表示此方法可以进行重复测试。

在测试类中添加 testRepeated()方法，代码如下所示。

```
@RepeatedTest(3)
void testRepeated(RepetitionInfo repetitionInfo) {
    System.out.println(repetitionInfo);
}
```

在以上代码中，使用@RepeatedTest 注解标注 testRepeated()方法，表示此方法需要重复执行 3 次。在此方法中，可以获取到 RepetitionInfo 对象，从而获取当前执行的次数。右键单击 testRepeated()方法，运行此方法，结果如图 5.1 所示。

在图 5.1 中可以看出，方法重复执行了 3 次，每一次的 RepetitionInfo 对象中保存了当前运行的次数和需要重复执行的总次数。

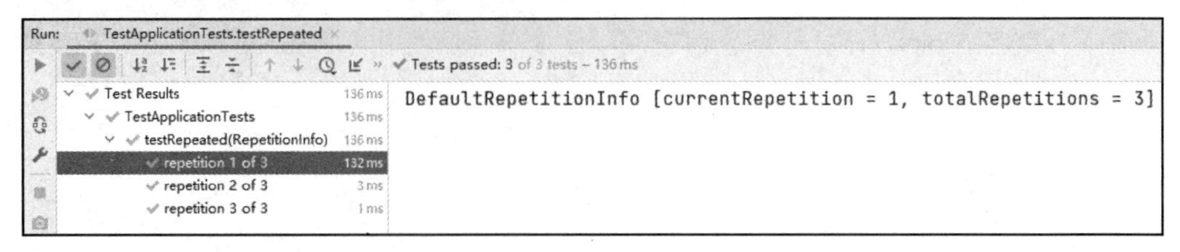

图 5.1　@RepeatedTest 注解测试结果

4. @DisplayName 注解

@DisplayName 注解标注在类或者方法上，表示此类或此方法的展示名称。将此注解标注在方法和类上方，添加描述，代码如下所示。

```
@SpringBootTest
@DisplayName("JUnit 测试")
class TestApplicationTests {
    @Autowired
    Student student;
    @Test
    @DisplayName("测试@Test 注解")
    void testJUnit() {
        System.out.println(student);
    }
    @RepeatedTest(3)
    @DisplayName("测试@RepeatedTest 注解")
    void testRepeated(RepetitionInfo repetitionInfo) {
        System.out.println(repetitionInfo);
    }
}
```

在以上代码中，使用@DisplayName 注解标注测试方法，运行该测试类，结果如图 5.2 所示。

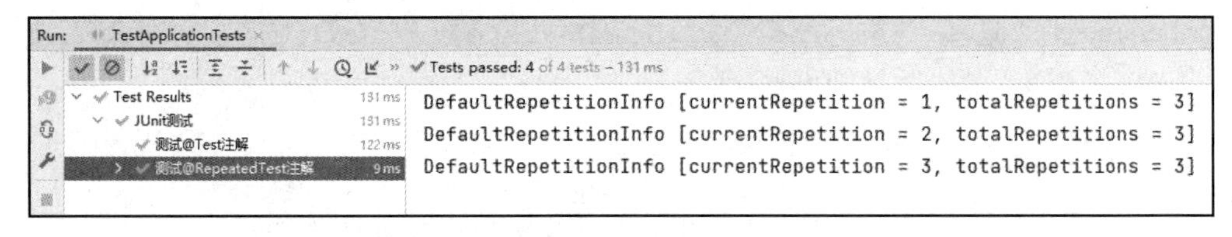

图 5.2　@DisplayName 注解测试类输出结果

从图 5.2 中左侧面板部分可以看出，测试类和测试方法由原来的类名和方法名替换成了@DisplayName 中的注释，更方便观察输出结果。

5. @BeforeEach、@AfterEach、@BeforeAll 和@AfterAll 注解

@BeforeEach、@AfterEach、@BeforeAll 和@AfterAll 注解标注在方法上。@BeforeEach 表示在每个单元测试之前执行；@AfterEach 注解表示在每个单元测试之后执行；@BeforeAll 表示在所有单元测试之前执行；@AfterAll 注解表示在所有单元测试之后执行。

编写测试方法，在测试类中加入以下代码。

```
@BeforeEach
@DisplayName("测试开始")
void testBeforeEach() {
    System.out.println("测试就要开始了");
}
@AfterEach
@DisplayName("测试结束")
void testAfterEach() {
    System.out.println("测试结束了");
}
@BeforeAll
@DisplayName("测试准备")
static void testBeforeAll() {
    System.out.println("测试准备工作");
}
@AfterAll
@DisplayName("测试结束之后")
static void testAfterAll() {
    System.out.println("测试后续工作");
}
```

在以上代码中，以顺序定义注解的方式来标注方法，需要注意的是@BeforeAll 注解和@AfterAll 注解标注的方法必须为静态。运行测试类，观察输出结果，如图 5.3 所示。

```
测试准备工作
测试就要开始了
Student(name=null, age=null)
测试结束了
测试就要开始了
DefaultRepetitionInfo [currentRepetition = 1, totalRepetitions = 3]
测试结束了
测试就要开始了
DefaultRepetitionInfo [currentRepetition = 2, totalRepetitions = 3]
测试结束了
测试就要开始了
DefaultRepetitionInfo [currentRepetition = 3, totalRepetitions = 3]
测试结束了
测试后续工作
```

图 5.3　按顺序定义注解后的输出结果

从图 5.3 中可以看出，在每个测试方法的前后，会分别执行@BeforeEach 和@AfterEach 注解标注的方法。在 Spring Boot 测试启动前和测试结束后，分别执行@BeforeAll 和@AfterAll 注解标注的方法。

6. @Disabled 注解

@Disabled 注解标注在方法或类上，表示此测试类禁用。编写测试方法，在测试类中添加以下代码。

```
@Test
@Disabled
@DisplayName("测试禁用注解")
void testDisable() {
    System.out.println("禁止运行");
}
```

在以上代码中，将 testDisable()测试方法禁用，运行测试类，输出结果如图 5.4 所示。

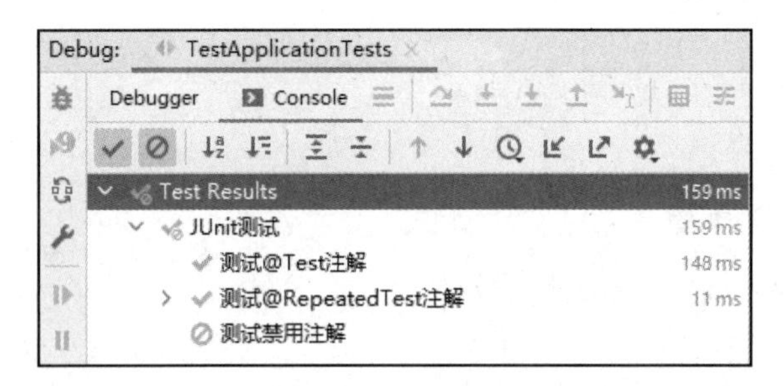

图 5.4　测试禁用注解后的输出结果

从图 5.4 中可以看出，此方法不执行，并且在结果栏左侧显示禁用符号。

7．@Timeout 注解

@Timeout 注解标注在方法上，表示此方法限制的运行时间。如果超过了运行时间，则会报错。编写测试方法，在测试类中添加如下代码。

```
@Test
@Timeout(1)
@DisplayName("测试超时")
void testTimeout() {
    try {
        Thread.sleep(10000);
    } catch (InterruptedException e) {
        e.printStackTrace();
    }
}
```

在以上代码中，使用@Timeout 注解，规定此方法运行时间不能超过 1 秒，同时在此方法中使用 Thread 类睡眠 10 秒。运行此测试类，输出结果如图 5.5 所示。

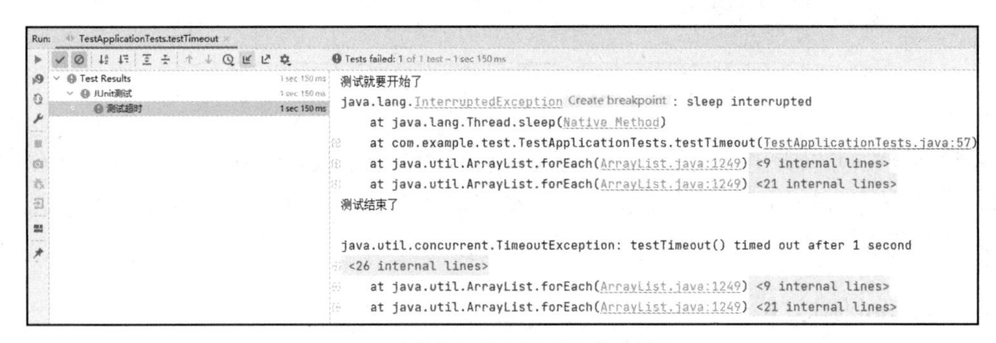

图 5.5　测试超时注解后的输出结果

从图 5.5 中可以看出，测试用例未通过，出现超时异常。

8．@ExtendWith 注解

@ExtendWith 标注在类或方法上，表示为测试类或测试方法提供扩展类引用，代替了 JUnit4 中的@RunWith 注解，在较为陈旧的 Spring 版本中编写测试类时，需要在测试类上方

标注@RunWith(SpringApplication.class)，以此来引用 Spring 容器；在新版本的测试类中，无须添加扩展引用。关于更多的@ExtendWith 原理，由于在开发中不常用，在此不做示例演示，感兴趣的读者可以自行学习。

5.3 断言

单元测试中，在测试用例较多的情况下，使用输出语句来判断测试结果的方式较为烦琐。本节介绍断言机制。使用断言可以将测试用例的结果提前指定，从而将测试完全交给程序。在测试结束后，JUnit 会将所有的测试结果汇总成测试报告。在此报告中，开发人员可以清晰地查看测试的结果。

5.3.1 简单断言

针对基本类型的断言称为简单断言，简单断言的方法如表 5.1 所示。

表 5.1 简单断言的方法

方法	说明
assertEquals	判断两个对象或两个原始类型是否相等
assertNotEquals	判断两个对象或两个原始类型是否不相等
assertSame	判断两个对象引用是否指向同一个对象
assertNotSame	判断两个对象引用是否指向不同的对象
assertTrue	判断所给的布尔值是否为 true
assertFalse	判断所给的布尔值是否为 false
assertNull	判断所给的对象应用是否为空
assertNotNull	判断所给的对象应用是否不为空

接下来，针对简单断言编写示例，在此重点讲解表 5.1 中的 assertEquals()、assertNotEquals()、assertSame()和 assertNotSame()方法。在测试类编写测试方法，代码如例 5-2 所示。

【例 5-2】TestApplicationTests.java

```
1.  @SpringBootTest
2.  @DisplayName("Assertions 测试")
3.  class TestApplicationTests {
4.
5.      @Test
6.      @DisplayName("测试 assertEquals")
7.      void testEquals(){
8.          int a=3+4;
9.          Assertions.assertEquals(a,6,"assertEquals 测试失败");
10.     }
11.
12.     @Test
13.     @DisplayName("测试 assertNotEquals")
14.     void testNotEquals(){
15.         Student s1=new Student("张三",1);
```

```
16.         Student s2=new Student("张三",1);
17.
18.         Assertions.assertNotEquals(s1,s2,"错误，两个对象相等");
19.         //当第一个断言判断失败时，后续代码将不会再执行
20.         Assertions.assertEquals(1,2,"错误，两个值不相等");
21.     }
22.
23.     @Test
24.     @DisplayName("测试 assertSame 和 assertNotSame")
25.     void testSame(){
26.         Student s1=new Student("张三",1);
27.         Student s2=new Student("张三",1);
28.         Student s3=s1;
29.
30.         Assertions.assertSame(s1,s3,"错误，两个对象不相等");
31.         Assertions.assertNotSame(s1,s2,"错误，两个对象不相等");
32.     }
33. }
```

在例 5-2 中，第 9 行代码使用 Assertions 类的 assertEquals()方法断言变量 a 与 6 相等，如果不相等则报错，输出 assertEquals()方法第三个参数的值；第 18 行代码使用 Assertions 类的 assertNotEquals()方法断言对象 s1 和对象 s2 不相等，如果相等则报错，输出 assertNotEquals()方法第三个参数的值，在此需要注意的是，所有的断言在发生错误时都将终止执行方法内的代码，在此对象 s1 与对象 s2 通过 equals()方法判断相同，因此在代码第 20 行的断言将不会被执行；第 30 行代码使用 Assertions 的 assertSame()方法断言对象 s1 和对象 s3 相同；第 31 行代码使用 Assertions 的 assertNotSame()方法断言对象 s1 和对象 s2 不相同。在此需要注意的是，assertSame()方法比较的是两个对象的地址，在底层使用双等号进行判断，因此对象 s1 和对象 s2 比较时不相同。当这两个方法断言成功时，程序结束，此测试通过。

运行例 5-2 中的代码，断言测试结果如图 5.6 所示。

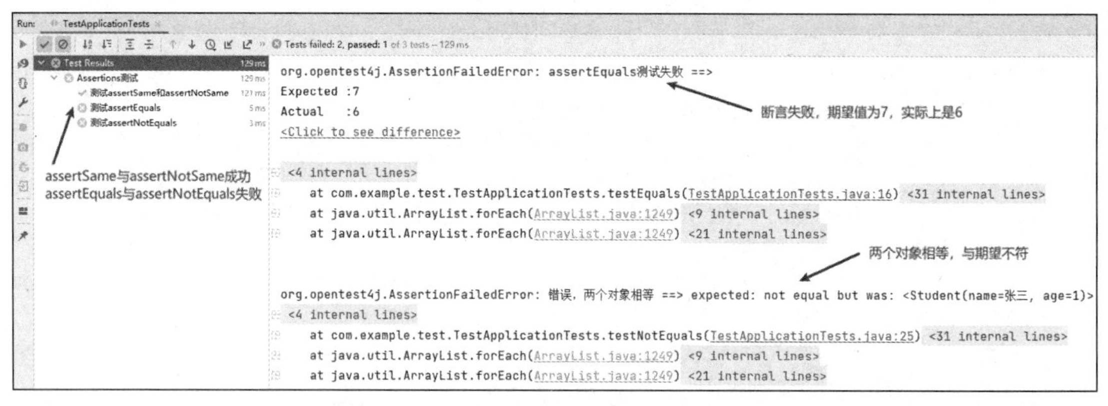

图 5.6　断言测试结果

从图 5.6 中可以看出，此单元测试不需要人工判断输出内容就可以看出测试用例的成功与失败。

5.3.2 数组断言

在简单断言之外，还有针对数组的断言。接下来编写数组断言的示例，代码如下所示。

```
@SpringBootTest
@DisplayName("Assertions 测试，数组断言")
class TestApplicationArray {

   @Test
   @DisplayName("测试 assertArrayEquals")
   void testArrayEquals(){
      int arr1[]=new int[]{2,1};
      int arr2[]=new int[]{1,2};
      Assertions.assertArrayEquals(arr1,arr2,"数组不相等");
   }
}
```

在以上代码中，使用 Assertions 类的 assertArrayEquals()方法判断两个数组是否完全相等。需要注意的是，assertArrayEquals()方法的判断方式是将两个数组的值逐个使用双等号进行比较，如果有一个不相同，则此次断言失败。

运行以上代码，数组断言测试结果如图 5.7 所示。

```
数组不相等 ==> array contents differ at index [0], expected: <2> but was: <1>
```

图 5.7 数组断言测试结果

从图 5.7 中可以看出，数组在角标为 0 处判断失败，期望值为 2，但是值为 1。

5.3.3 组合断言

当需要同时判断多个条件时，就要用到组合断言。组合断言可以同时监控每一个断言，当有任何一个断言失败时，组合断言就会失败。下面使用一个示例来讲解组合断言，代码如下所示。

```
@Test
@DisplayName("测试 assertAll")
void testAssertAll(){
   Assertions.assertAll("assertAll",
         ()->Assertions.assertFalse(false),
         ()->Assertions.assertNull(3)
   );
}
```

在以上代码中，使用 Assertions 类的 assertAll()方法来进行组合断言，此方法的第一个参数是组合断言的名称，第二个参数及以后的参数是断言（第二个参数是 assertFalse 断言，第三个参数是 assertNull 断言）。当这两个断言都成功时，整个断言成功；当这两个断言中有一个断言失败，则整个断言失败。

运行以上代码，组合断言测试结果如图 5.8 所示。

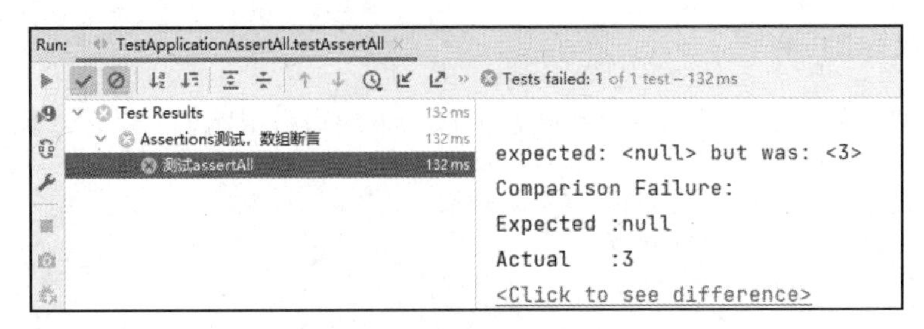

图 5.8　组合断言测试结果

从图 5.8 中可以看出，第二个断言处期望值是空，实际值是 3，整个组合断言失败。

5.3.4　异常断言

异常断言是对异常的一种提前判定。编写异常断言示例，代码如下所示。

```
@Test
@DisplayName("测试 assertException")
void testException(){
    Assertions.assertThrows(NullPointerException.class,()->{
        String s=null;
        s.getBytes();
    });
}
```

在以上代码中，使用 Assertions 类的 assertThrows()方法来断言代码出现空指针异常。在 assertThrows()方法的第二个参数中，使用回调函数编写业务逻辑，当业务逻辑中出现指定的空指针异常时，此次测试通过，否则测试不通过。

5.3.5　超时断言

当需要规定一个程序段的执行时间时，则要用到超时断言。接下来编写测试示例，代码如下所示。

```
@Test
@DisplayName("测试 assertTimeOut")
void testTimeOut(){
    Assertions.assertTimeout(Duration.ofSeconds(2),()->{
        try {
            Thread.sleep(10000);
        } catch (InterruptedException e) {
            e.printStackTrace();
        }
    });
}
```

在以上代码中，使用 Assertions 类的 assertTimeout()方法来断言代码将会在 2 秒内执行完，但是业务逻辑中使用 Thread 类实现睡眠了 10 秒，因此测试不通过。运行以上代码，超时断言测试结果如图 5.9 所示。

从图 5.9 中可以看出，执行时间比 2 秒多出了 8 秒左右，测试失败。

```
org.opentest4j.AssertionFailedError: execution exceeded timeout of 2000 ms by 8012 ms
 <7 internal lines>
    at com.example.test.TestApplicationTimeOut.testTimeOut(TestApplicationTimeOut.java:17) <31 internal lines>
    at java.util.ArrayList.forEach(ArrayList.java:1249) <9 internal lines>
    at java.util.ArrayList.forEach(ArrayList.java:1249) <21 internal lines>
```

图 5.9　超时断言测试结果

5.3.6　快速失败断言

当需要灵活判断失败与否时，则要用到快速失败断言。接下来编写测试示例，代码如下所示。

```
@Test
@DisplayName("测试 FastFail")
void testFastFail(){
    if(1==1){
        Assertions.fail("1-1, 失败了");
    }
}
```

在以上代码中，使用 Assertions 类的 fail()方法直接标注失败。运行以上代码，快速失败断言测试结果如图 5.10 所示。

```
org.opentest4j.AssertionFailedError: 1-1, 失败了
 <2 internal lines>
    at com.example.test.TestApplicationFastFail.testFastFail(TestApplicationFastFail.java:18) <31 internal lines>
    at java.util.ArrayList.forEach(ArrayList.java:1249) <9 internal lines>
    at java.util.ArrayList.forEach(ArrayList.java:1249) <21 internal lines>
```

图 5.10　快速失败断言测试结果

从图 5.10 中可以看出，测试失败。

5.4　前置条件

断言表示的是一定会出现的情况。如果在单元测试中未出现断言所指的情况，此次测试会失败。本节将介绍前置条件的使用。与断言不同的是，如果前置条件的判断未通过，则此测试将无法被执行，既不存在测试失败，也不存在测试成功。

编写测试用例，代码如例 5-3 所示。

【例 5-3】TestApplicationAssumption.java 测试类

```
1.  @SpringBootTest
2.  @DisplayName("前置条件")
3.  class TestApplicationAssumption {
4.
5.      @Test
6.      @DisplayName("测试前置条件的使用")
7.      void testAssumption(){
8.          Assumptions.assumeTrue(false,"前置条件失败，程序不再执行");
9.          System.out.println("测试程序是否继续执行");
10.     }
```

```
11.
12.     @Test
13.     @DisplayName("测试通过标志")
14.     void testPass(){
15.     }
16.
17.     @Test
18.     @Disabled
19.     @DisplayName("测试禁用标志")
20.     void testDisabled(){
21.     }
22.
23.     @Test
24.     @DisplayName("测试异常标志")
25.     void testError(){
26.         throw new NullPointerException();
27.     }
28.
29.     @Test
30.     @DisplayName("测试失败标志")
31.     void testFail(){
32.         Assertions.assertFalse(true);
33.     }
34. }
```

在例 5-3 中，第 8 行代码使用 Assumptions 类的 assumeTrue()方法来判断前置条件是否为 true，在此 assumeTrue()方法中的值为 false，因此判断为前置条件不满足，之后的代码将不会被执行。

例 5-3 代码的测试方法中，分别展示了前置条件不通过、前置条件通过、测试禁用、测试异常（发生）和测试失败的场景。运行所有测试方法，观察各个测试状态的符号，输出结果如图 5.11 所示。

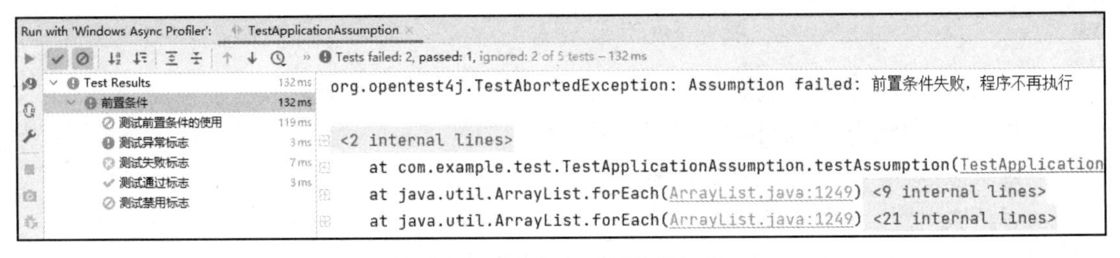

图 5.11　前置条件示例输出结果

从图 5.11 的左侧可以看出，运行前置条件失败时，使用的是禁用标志，并不是测试失败的标志。这一点也是前置条件和断言的不同点。

5.5　嵌套测试

在测试中，有时会为了层次关系而构造复杂的嵌套测试。本节讲解嵌套测试的相关内容。创建嵌套测试的示例，代码如例 5-4 所示。

【例 5-4】TestApplicationNested.java 类

```
1.  @SpringBootTest
2.  @DisplayName("嵌套测试")
3.  class TestApplicationNested {
4.
5.      Student student;
6.
7.      @BeforeEach
8.      @DisplayName("向学生赋值")
9.      void testNested(){
10.         student=new Student();
11.         System.out.println("执行一次赋值");
12.     }
13.
14.     @Nested
15.     class nested1{
16.         @Test
17.         void nestedTest(){
18.             Assertions.assertNotNull(student);
19.         }
20.     }
21. }
```

在例 5-4 中，第 5 行代码声明了一个 Student 对象，然后在第 9 行创建了 testNested()测试方法，使用@BeforeEach 标注此方法，并在此方法中对 Student 对象进行赋值。标注@BeforeEach 注解后，在所有的测试方法执行之前，都将运行 testNested()方法为 Student 对象赋值；第 14 行代码使用@Nested 注解标注 nested1 类，表示此类是主测试类的嵌套测试类，在此嵌套测试类中可以监测到外部测试类的相关操作，例如，当第 18 行代码断言 Student 对象不为空时，则执行第 17 行代码的 nestedTest()方法之前，会执行外部测试类的 testNested()方法对 student 属性进行赋值。

运行例 5-4 中的代码，输出结果如图 5.12 所示。

图 5.12 嵌套测试示例输出结果

从图 5.12 中可以看出，嵌套测试中的 nestedTest()方法测试成功，student 属性赋值成功。

5.6 参数化测试

当需要多次测试不同数据时，就要用到参数化测试。本节讲解参数化测试的相关内容。

创建参数化测试的示例，代码如例 5-5 所示。

【例 5-5】TestApplicationParameterized.java 类

```
1.  @SpringBootTest
2.  @DisplayName("参数化测试")
3.  class TestApplicationParameterized {
4.
5.      @DisplayName("测试 assertAll")
6.      @ParameterizedTest
7.      @ValueSource(ints={1,2,3,4})
8.      void testAssertAll(int a){
9.          System.out.println(a);
10.     }
11. }
```

在例 5-5 中，使用@ParameterizedTest 代替@Test 进行参数化测试，在方法上方标注@ValueSource 注解，表示将要填充到方法中的测试用例。

例 5-5 中 testAssertAll()方法的参数为 int 类型，因此，@ValueSource 注解中的参数应该命名为 ints，随后将需要测试的数据放到大括号中，表示即将使用这些数据进行测试。相应的类型与参数的对应关系如表 5.2 所示。

表 5.2　@ValueSource 注解参数对应表

注解参数	方法中属性的类型
shorts	short
bytes	byte
ints	int
longs	long
floats	float
doubles	double
charts	chart
booleans	boolean
strings	String
classes	classes

运行例 5-5 的代码，参数化测试输出结果如图 5.13 所示。

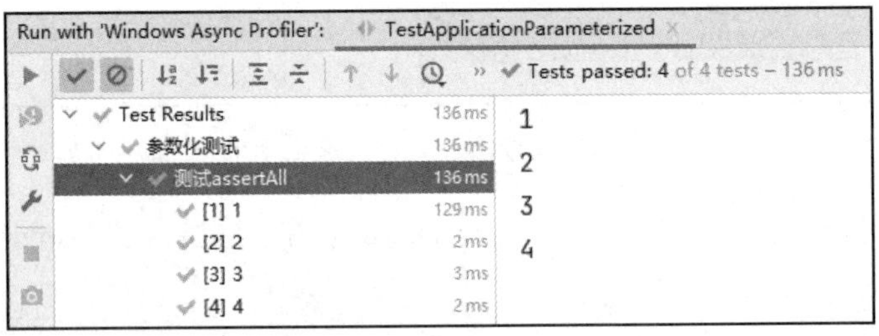

图 5.13　参数化测试输出结果

从图 5.13 中可以看出，ints 参数中的所有值全部测试完成。当遇到多参数集合测试时，开发人员不需要手动赋值调试，使用参数化测试即可完成。

5.7　本章小结

本章涉及简单的输出测试、断言测试、前置条件测试、嵌套测试和参数化测试。在日常开发中可能很少用到复杂形式的测试，因此，读者可以初步了解本章内容，做到读懂并理解测试代码，不要求熟练掌握。

5.8　习题

1．填空题

（1）Spring Boot 中进行单元测试的注解是________。

（2）在 Spring Boot 单元测试中需要配置容器中的对象时，则要在测试类上方添加________注解。

2．选择题

（1）关于 JUnit5 的常用注解，下列叙述错误的是（　　）。

A．@RepeatedTest 注解表示重复测试

B．@Timeout 注解表示超时注解

C．@BeforeAll 注解标注的方法，会在每个单元测试之前执行

D．@ParameterizedTest 注解表示参数化测试

（2）关于断言，下列描述错误的是（　　）。

A．@assertEquals 注解可以判断两个对象的 HashCode 是否相同

B．@assertSame 注解可以判断两个引用是否指向同一个对象

C．@assertTrue 注解可以判断布尔值是否为 true

D．@assertNull 注解可以判断所给的对象是否为空

3．思考题

简述 Spring Boot 单元测试的方法。

第6章 Spring Boot安全管理

本章学习目标

- 了解 RBAC 权限实战模型。
- 了解 Spring Security 中组件的基本概念。
- 掌握 Spring Security 的认证和授权流程。
- 掌握 Spring Security 的自定义扩展方式。

本章首先讲解了 Spring Boot 的 RBAC 权限实战模型，为 Spring Boot 中的安全管理奠定基础；随后介绍了 Spring Security 的基本概念，为 Spring Security 中的流程讲解做铺垫；最后详细讲解了 Spring Security 认证与授权源码的执行流程。读者需要以自定义配置 Spring Security 为目的，着重掌握 Spring Security 的认证和授权流程。

6.1 RBAC 权限

在学习 Spring Security 授权流程之前，需要首先掌握 RBAC 权限模型。

6.1.1 RBAC 简介

基于角色的访问控制（Role Based Access Control，RBAC）模型是一种权限管理的模式，它分为 3 个基础部分，分别是用户、角色和权限。当用户登录时，根据用户信息查询对应的角色，再根据查询到的角色信息查询该用户的权限，最后根据权限来控制该用户的访问。访问逻辑如图 6.1 所示。

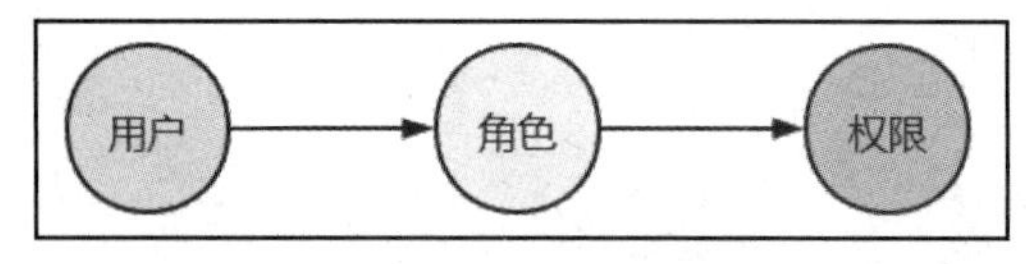

图 6.1 RBAC 访问流程图

6.1.2 RBAC 实战

RBAC 在项目中通常由数据库表来体现。其中，用户表与角色表、角色表和权限表都是多对多关系，因此需要另外的两张联系表：用户角色表和角色权限表。

在数据库中创建对应的 RBAC 表结构，如图 6.2 所示。

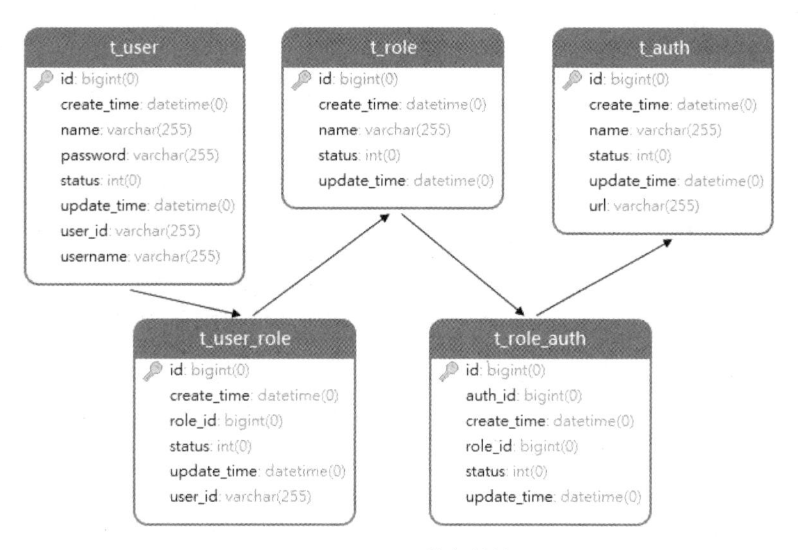

图 6.2　RBAC 的表结构

在图 6.2 中可以看出，user 表、role 表和 auth 表中均含有 create_time 字段、name 字段、status 字段和 update_time 字段，它们分别表示创建时间、名称、状态（是否禁用）和更新时间。除了这些附加字段，其他字段为关键字段。

- user 表表示用户表，其中含有 username 和 password 两个主要字段，分别表示用户名和密码。
- role 表表示角色表，在此表中使用 name 字段表示此角色的名称。
- auth 表表示权限表，其中含有 url 字段，此字段表示用户访问的 URL。每个权限 URL 将会记录在此表中，当用户有权限 URL 时，Spring Security 允许用户访问此 URL 对应下的控制器。

在创建 RBAC 模型之后，可以使用 Shiro 或者 Spring Security 等安全框架进行安全管理。

6.2　Spring Security 核心组件

本节介绍 Spring Security 的核心组件，这些组件在 Spring Security 的认证和授权中至关重要。掌握这些组件的功能是理解 Spring Security 认证和授权的关键。

6.2.1　SecurityContextHolder

SecurityContextHolder 是 SecurityContext 的存放容器。它默认使用 ThreadLocal 存储 SecurityContext，这样，只要在同一线程中，都可以取到同一个 SecurityContext 对象。SecurityContextHolder 类的 getContext()方法核心代码如下所示。

```
//SecurityContextHolder 对象
public class SecurityContextHolder {
   private static SecurityContextHolderStrategy strategy;
```

```
    public static SecurityContext getContext() {
        return strategy.getContext();
    }
    private static void initialize() {
        ...
        //创建
        strategy=new ThreadLocalSecurityContextHolderStrategy();
        ...
    }
}
//ThreadLocalSecurityContextHolderStrategy 对象
final class ThreadLocalSecurityContextHolderStrategy{
    static final ThreadLocal<SecurityContext> contextHolder=
            new ThreadLocal();
    public SecurityContext getContext() {
        SecurityContext ctx=(SecurityContext) contextHolder.get();
        return ctx;
    }
}
```

在以上代码中，首先调用 initialize()方法，初始化 SecurityContextHolderStrategy 对象；当 getContext()方法被调用时，在此方法中调用 SecurityContextHolderStrategy 对象中的 getContext()方法，从 ThreadLocal 中取出 SecurityContent 对象。

6.2.2 SecurityContext 与 Authentication

SecurityContext 对象主要用来存储和获取 Authentication 对象，SecurityContext 对象的核心代码如下所示。

```
public class SecurityContextImpl implements SecurityContext {
    private Authentication authentication;

    public Authentication getAuthentication() {
        return this.authentication;
    }
    public void setAuthentication(Authentication authentication) {
        this.authentication=authentication;
    }
}
```

在以上代码中，SecurityContextImpl 类实现了 SecurityContext，SecurityContextImpl 类中的方法主要是对 authentication 属性的获取与赋值。

Authentication 对象需要读者重点掌握。Authentication 是 Spring Security 的核心信息仓库，负责存储用户的认证与授权信息。在用户登录时，Spring Security 调用相关方法从数据库查询出当前用户的用户名、密码、角色和权限，并封装为 Authentication 对象，将其放到 SecurityContext 对象中。Authentication 对象如下所示。

```
public abstract class AbstractAuthenticationToken implements Authentication{
    private final Collection<GrantedAuthority> authorities;
    private Object details;
    private boolean authenticated=false;
}
```

在 Spring Security 中，Authentication 的实现类是 AbstractAuthenticationToken 类，此类是抽象类。在实际开发中，经常使用其子类 UsernamePasswordAuthenticationToken 类作为认证的信息集合。在 AbstractAuthenticationToken 类中存在以下 3 个非常重要的属性。

- authorities 属性代表访问资源的认证信息，即存放当前访问资源需要的角色名、权限 URL 等。
- details 属性负责存放用户信息，即用户名和密码。此信息集合一般由开发人员自己封装，代表接口通常是 UserDetails。
- authenticated 属性表示当前用户是否已经被认证，false 表示未认证，若用户成功登录后会自动设置为 true。

6.2.3 UserDetails

当用户携带 token 访问系统时，Spring Security 会根据 token 中的用户名查询当前用户的密码和权限，并将其封装到 UserDetails 中，即 UserDetails 中的信息是数据库中当前用户的信息。UserDetails 接口的代码如下所示。

```
public interface UserDetails extends Serializable {
   Collection<? extends GrantedAuthority> getAuthorities();
   String getPassword();
   String getUsername();
   //判断账户是否过期
   boolean isAccountNonExpired();
   //判断账户是否锁定
   boolean isAccountNonLocked();
   //判断密码是否过期
   boolean isCredentialsNonExpired();
   //是否禁用
   boolean isEnabled();
}
```

在以上代码中，通过相应的方法即可取出用户名和密码。需要注意的是，在 Authentication 对象中存在一个 authorities 属性，不过，此属性是由用户访问资源 URL 查询出的角色信息所组成的，而 UserDetails 对象中的 getAuthorities()方法取出的 authorities 属性是通过用户携带 token 中的用户名从数据库中查询得到的。

Authentication 对象中的 authorities 属性与 UserDetails 对象中的 authorities 属性做比较，相当于将访问资源所需要的角色权限与用户所拥有的角色权限做比较，判断当前用户是否有权限访问对应资源。

6.2.4 AuthenticationManager

AuthenticationManager 是 Spring Security 的认证管理者，如果 Authentication 对象代表认证和授权所需要的资源，则 AuthenticationManager 对象就代表使用资源的管理者。当开发人员调用 Spring Security 认证时，实际上就是 AuthenticationManager 调用其方法进行认证。AuthenticationManager 接口中的核心代码如下所示。

```
public interface AuthenticationManager {
   Authentication authenticate(Authentication var1)
throws AuthenticationException;
}
```

从以上代码可以看出，AuthenticationManager 接口中只有一个 authenticate()方法，此方法的作用是进行认证，参数是未认证的 Authentication 类。在认证过后，返回认证过的 Authentication 类（此时 Authentication 类中的 authenticated 被修改为 true，表示认证成功）。

实际上，AuthenticationManager 接口的实现类通常不会自己进行认证，例如 ProviderManager 类，此类的核心代码如下所示。

```
public class ProviderManager implements AuthenticationManager{
    //provider 列表，真正处理认证的类
    private List<AuthenticationProvider> providers;

    public ProviderManager(List<AuthenticationProvider> providers) {
        this.providers=providers;
    }
    //AuthenticationManager 类的认证方法
    public Authentication authenticate(Authentication authentication){
        //需要认证的 authentication
        Class<? extends Authentication> toTest=authentication.getClass();
        //返回认证过后的 authentication
        Authentication result=null;

        //将 provider 列表循环
        Iterator var8=this.providers.iterator();
        while (var8.hasNext()) {
            AuthenticationProvider provider=
                            (AuthenticationProvider) var8.next();
            //调用 provider 的 supports()方法判断此 provider 是否支持认证
            if (provider.supports(toTest)) {
                //如果支持则调用此 provider 的 authenticate()方法
                result=provider.authenticate(authentication);
            }
        }
        return result;
    }
}
```

以上代码中，ProviderManager 实现类作为 AuthenticationManager 的子类，拥有一个 AuthenticationProvider 列表。当 ProviderManager 类的 authenticate()认证方法被调用时，ProviderManager类会遍历AuthenticationProvider列表，分别调用AuthenticationProvider的supports()方法判断是否支持认证此 authentication 资源，如果支持，则调用此 AuthenticationProvider 的 authenticate()方法，执行过 authenticate()方法之后，整个认证流程结束。

AuthenticationProvider 类主要的实现是 AbstractUserDetailsAuthenticationProvider 类以及其实现类 DaoAuthenticationProvider 类，这些内容将放到 6.4 节中进行讲解。

6.3 Spring Security 前后端分离认证流程

原生的 Spring Security 使用 Cookie 作为前后端传递的凭证，此种方式在前后端分离系统中会引发跨域问题，并且还有可能遭受跨站伪造请求等攻击，因此，企业中一般会自定义

Spring Security，使用 Token 作为在前后端传递信息的凭据。本节讲解 Spring Security 前后端分离认证的流程。

企业级系统通常将前后端认证的 Cookie 更换成 Token。Token 是一个字符串，它代指唯一用户。当用户登录时，在服务端根据用户名生成一个具有信息的 Token 字符串，并将其返回给客户端。当此用户下次访问服务端时，在请求头中附带 Token 字符串，服务器接收到请求，解析 Token 头中的用户信息，从而针对该用户进行服务。前后端的认证逻辑如图 6.3 和图 6.4 所示。

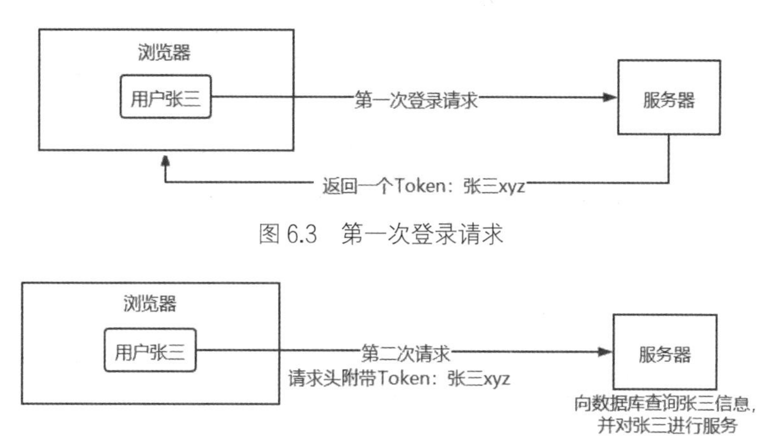

图 6.3　第一次登录请求

图 6.4　登录过后的业务请求

在图 6.3 中，用户第一次登录时，调用登录方法，随后服务器验证用户名和密码；当密码正确时，将用户名张三封装到 Token 字符串中，在此 Token 为张三 xyz，实际开发环境中需要对此 Token 进行加密。封装完后将 Token 发送到前台。

从图 6.4 中可以看出，浏览器获取到 Token 后进行存放，之后针对于此网站的每次请求都将附带请求头 Token，值为张三 xyz。当服务端的非登录模块接收到请求之后，解析请求头中的 Token，随后针对张三进行服务。

6.4　Spring Security 的工作流程与配置

本节是本章内容的重点与难点，因此，在讲解 Spring Security 的认证与授权流程的过程中，本节会把 Spring Security 的配置方式加以融合，以加强读者理解。除此之外，读者需要配合源码来理解 Spring Security 的配置。学习完此节，读者可以独自配置一个完整的 Spring Security+JWT 前后端分离架构。

6.4.1　编写 Spring Security 主配置类

引入 Spring Security 与 JWT 的依赖，代码如下所示。

```
//Spring Security 依赖
<dependency>
     <groupId>org.springframework.boot</groupId>
     <artifactId>spring-boot-starter-security</artifactId>
</dependency>
```

```
//JWT 依赖
<dependency>
     <groupId>io.jsonwebtoken</groupId>
     <artifactId>jjwt</artifactId>
     <version>0.9.0</version>
</dependency>
```

引入以上依赖后编写 Spring Security 的主配置类，配置类代码如例 6-1 所示。

【例 6-1】Spring Security 的主配置类

```
1.  @Configuration
2.  @EnableWebSecurity
3.  public class SecurityConfig extends WebSecurityConfigurerAdapter {
4.
5.     @Override
6.     protected void configure(HttpSecurity http) throws Exception {
7.        http.formLogin()
8.                 //禁用表单登录，前后端分离用不上
9.                 .disable()
10.                //设置 URL 的授权
11.                .authorizeRequests()
12.                //这里需要将登录页面放行
13.                .antMatchers("/login")
14.                .permitAll()
15.                //除了放行的路径，其他路径全部拦截
16.                .anyRequest()
17.                .authenticated()
18.
19.                .and()
20.                //禁用 session，JWT 校验不需要 session
21.                .sessionManagement()
22.                .sessionCreationPolicy(SessionCreationPolicy.STATELESS)
23.
24.                .and()
25.                //关闭 CSRF
26.                .csrf().disable();
27.    }
28. }
```

在例 6-1 中，第 2 行代码使用@EnableWebSecurity 注解引入 Spring Security 必要的类；第 3 行代码中配置继承 WebSecurityConfigurerAdapter 类，WebSecurityConfigurerAdapter 类是 Spring Security 的核心配置类，实现此类后可以覆盖其中的 configure()方法，从而设置 Spring Security 相关配置；第 6 行代码覆盖 configure()方法，此方法中的参数 HttpSecurity 是配置的核心；第 9 行代码禁用表单登录，前后端分离架构不需要表单登录；第 13 行代码放行登录请求；第 17 行代码认证除了登录请求之外的所有请求；第 21 行代码禁用 Session，使用 JWT 作为认证的凭证，不需要 Session；第 26 代码禁用 CSRF 防护，因为 Session 的禁用可以有效地防止 CSRF 攻击，在此禁用 CSRF 选项。

6.4.2 登录流程及配置

本小节内容较为复杂，读者需要配合源码以及项目代码来理解此节内容。

1. 登录源码流程简介

在 6.4.1 小节进行的配置远远达不到前后端分离认证的需求，因此本节配合登录流程进行讲解，并对 Spring Security 的配置进行扩展。

在用户登录时，访问登录接口/login，因为 Spring Security 对/login 接口放行，所以该请求会直接发送到控制器。在控制器中编写认证代码，如例 6-2 所示。

【例 6-2】认证登录控制器

```
1.  @PostMapping("/login")
2.  public ResultMsg login(String username,String password){
3.      //生成一个包含账号密码的认证信息
4.      Authentication token=
5.              new UsernamePasswordAuthenticationToken(username, password);
6.      //AuthenticationManager校验这个认证信息，返回一个已认证的Authentication
7.      Authentication authentication=
8.              authenticationManager.authenticate(token);
9.      //将返回的Authentication存到上下文中
10.     SecurityContextHolder.getContext()
11.             .setAuthentication(authentication);
12.     return ResultMsg.builder().code(200).msg("登录成功").build();
13. }
```

在例 6-2 中，使用到了 AuthenticationManager 对象，从 6.2 节内容中了解到，此对象是 Spring Security 的认证管理者，因此首先需要向容器中添加此对象。在例 6-1 所在的类中添加如下配置。

```
@Bean
@Override
protected AuthenticationManager authenticationManager(){
   return super.authenticationManager();
}
```

在以上代码中，将父容器中的 AuthenticationManager 对象添加到容器中。之后在例 6-2 中使用此对象进行认证。

在例 6-2 中，第 4～5 行代码获取登录用户的用户名和密码，将用户名和密码封装为 UsernamePasswordAuthenticationToken 类。封装完成后，将 Token 类交给 AuthenticationManager 进行认证。在认证完成后，使用 SecurityContextHolder.getContext()来获取 SecurityContext 对象，此对象负责管理所有的认证信息。将认证后的 Authentication 信息设置到 SecurityContext 中，供其他需求使用。

从以上的流程可以看出，认证过程主要在 AuthenticationManager 类的 authenticate()方法中。从 6.2.4 小节可以了解到，当 AuthenticationManager 类的 authenticate()方法被调用时，会循环调用 AuthenticationProvider 列表中的 support()方法，判断此 Provider 是否支持此次认证。当 AuthenticationProvider 中的 support()方法通过时，调用此 AuthenticationProvider 的 authenticate()方法。下面详细讲解此方法的具体实现流程。

AuthenticationProvider 是一个接口，其关键的实现类是 DaoAuthenticationProvider 类。在 DaoAuthenticationProvider 类的父类中实现了 authenticate()方法，其中关键代码如例 6-3 所示。

【例 6-3】认证核心代码

```
1.  public Authentication authenticate(Authentication authentication) {
2.      //获取认证信息中的用户名
3.      String username=authentication.getName();
4.      //此方法是抽象方法
5.      //到子类 DaoAuthenticationProvider 中从数据库取出此用户名对应的所有信息
6.      UserDetails user=this.retrieveUser(
7.              username,
8.              (UsernamePasswordAuthenticationToken)authentication
9.      );
10.
11.     //此方法是抽象方法，到子类 DaoAuthenticationProvider 中进行认证
12.     //如果没有出现异常，则认证成功
13.     this.additionalAuthenticationChecks(
14.             user,
15.             (UsernamePasswordAuthenticationToken)authentication);
16.
17.     //封装为一个已经认证过后的 Authentication 并返回
18.     UsernamePasswordAuthenticationToken result=
19.             new UsernamePasswordAuthenticationToken(
20.                     //用户的用户名
21.                     user.getUsername(),
22.                     //用户的密码
23.                     authentication.getCredentials(),
24.                     //用户的权限
25.                     user.getAuthorities()
26.             );
27.     result.setDetails(authentication.getDetails());
28.
29.     return result;
30. }
```

在例 6-3 中，需要明确的是，在/login 控制器中传入的用户名和密码被封装为 UsernamePasswordAuthenticationToken 对象会传入此方法，也就是说，此方法中的 Authentication 对象中只含有前台用户传入的用户名和密码。第 3 行代码从 Authentication 中获取用户名，此用户名是前端传入的用户名；第 6～9 行代码调用 retrieveUser()方法从数据库中查询此用户名的所有信息，并将这些信息封装为 UserDetails 对象。UserDetails 对象在 6.2.3 小节中做过详细介绍，其中含有用户名、密码、权限和角色信息。

retrieveUser()方法在此类中是一个抽象方法，因此，调用子类 DaoAuthenticationProvider 类中的 retrieveUser()方法进行查找，此方法的核心代码如下所示。

```
UserDetails retrieveUser(String username,
        UsernamePasswordAuthenticationToken authentication
){
        UserDetails loadedUser=
                this.getUserDetailsService().loadUserByUsername(username);
        return loadedUser;
}
```

在以上代码中，调用了 UserDetailsService 类的 loadUserByUsername()方法进行查询，则从此次源码的阅读中得出，想要进行自定义认证，开发人员需要向 DaoAuthenticationProvider

类中添加一个 UserDetailsService，覆盖 loadUserByUsername()方法，在其中编写根据用户名取出用户信息的业务逻辑。

回到例 6-3 的代码讲解，在第 13～15 行代码中调用 additionalAuthenticationChecks()方法判断该用户密码是否正确，即从 UserDetails 中取出密码，与加密过后的前端传过来的密码做比较。此方法是抽象方法，因此，调用子类 DaoAuthenticationProvider 类中的 additional AuthenticationChecks()方法进行比较，比较的核心代码如下所示。

```
protected void additionalAuthenticationChecks(
    UserDetails userDetails,
    UsernamePasswordAuthenticationToken authentication) {
    //获取前端传过来的密码
    String presentedPassword=authentication.getCredentials().toString();
    //使用 PasswordEncoder 来判断两个密码是否相同
    //此类的 matches 方法将会把前端明文密码加密，之后与数据库查询的密码做比较
    if (!this.passwordEncoder.matches(
            //前端传过来的密码，此密码是明文
            presentedPassword,
            //数据库查询出的加密密码
            userDetails.getPassword())
    ) {
        throw new BadCredentialsException(
            this.messages.getMessage(
                "AbstractUserDetailsAuthenticationProvider.badCredentials",
                "Bad credentials"));
    }
}
```

在以上代码中，还有一个重要的类 PasswordEncoder，此类负责把前端传过来的密码加密，随后与数据库查询到的加密密码做比较，如果成功则不报错，如果不成功则报出密码不匹配错误。从此次源码的阅读中得出，想要完成认证流程，开发人员还需要为 DaoAuthenticationProvider 类设置一个加密类 PasswordEncoder。

回到例 6-3 的代码讲解，第 18～29 行代码中封装认证完成的 UsernamePasswordAuthentication Token 并将其返回，认证结束。

2. 登录配置编写

从例 6-3 的代码中可以得出，在认证时需要配置一个 UserDetailsService 类和 PasswordEncoder 类。接下来编写此配置，首先向容器中添加 PasswordEncoder 对象，在主配置类中添加如下代码。

```
@Bean
public PasswordEncoder getPasswordEncoder() {
    return new BCryptPasswordEncoder();
}
```

在以上代码中，使用@Bean 注解向容器中添加 BCryptPasswordEncoder 类，此类作为 PasswordEncoder 类的子类实现了密码加密的方式，感兴趣的读者可研究其加密原理。下面编写 JwtTokenUserDetailsService 类。

```
@Service
public class JwtTokenUserDetailsService implements UserDetailsService {
```

```
    @Autowired
    private LoginService loginService;
    @Override
    public UserDetails loadUserByUsername(String username)
                                   throws UsernameNotFoundException {
        //从数据库中查询用户信息，并将其封装为 UserDetails 对象
        SecurityUser securityUser=loginService.loadByUsername(username);
        //用户不存在，直接抛出 UsernameNotFoundException 异常
        if (Objects.isNull(securityUser))
            throw new UsernameNotFoundException("用户不存在！");
        return securityUser;
    }
}
```

在以上代码中，创建了 JwtTokenUserDetailsService 类来实现 UserDetailsService，并覆盖 loadUserByUsername()方法，在此方法中实现根据用户名查询用户信息的业务逻辑，在查询到用户详细信息后封装为 UserDetails 对象。以上代码中的 UserDetails 对象为 SecurityUser，其中核心代码如下所示。

```
@Data
public class SecurityUser implements UserDetails {
    //用户名
    private String username;
    //密码
    private String password;
    //权限+角色集合
    private Collection<? extends GrantedAuthority> authorities;
    ...
}
```

在以上代码中，使用 SecurityUser 作为 UserDetails 的子类实现，承载用户的详细信息。至此，登录配置编写完毕。接下来将编写的逻辑应用到 Spring Security 中，在主配置类中编写以下代码，并在 configure(HttpSecurity http)方法中调用此类。

```
private void setLoginService(HttpSecurity http){
    //直接使用 DaoAuthenticationProvider
    DaoAuthenticationProvider provider=new DaoAuthenticationProvider();
    //设置 userDetailService
    provider.setUserDetailsService(userDetailsService);
    //设置加密算法
    provider.setPasswordEncoder(passwordEncoder);
    http.authenticationProvider(provider);
}
```

在以上代码中，新建一个 DaoAuthenticationProvider 并设置 userDetailsService 和 password Encoder，设置完成后，调用 authenticationProvider()方法给 AuthenticationManager 添加新建的 AuthenticationProvider 类。

3. 配置登录拦截器

在例 6-2 的代码中，编写了登录认证的基本方法，但在实际开发中，在认证完成后通常需要返回用户 JWT 字符串；如果认证失败还要返回相应失败信息。如果将这些业务逻辑堆积

在登录控制器内，代码将会非常拥挤，不利于管理，因此 Spring 提供 AbstractAuthentication ProcessingFilter 作为独立的认证过滤器，由此过滤器进行登录流程的控制。

编写认证逻辑过滤器，代码如下所示。

```
public class JwtAuthenticationLoginFilter extends
                        AbstractAuthenticationProcessingFilter {

    /**
     * 构造方法，调用父类的，设置登录地址为/login、请求方式为 POST
     */
    public JwtAuthenticationLoginFilter() {
        super(new AntPathRequestMatcher("/login", "POST"));
    }

    @Override
    public Authentication attemptAuthentication(
            HttpServletRequest request,
            HttpServletResponse response) {
        //获取表单提交数据
        String username=request.getParameter("username");
        String password=request.getParameter("password");
        //封装到 token 中提交
        UsernamePasswordAuthenticationToken authRequest=
              new UsernamePasswordAuthenticationToken(username,password);
        return getAuthenticationManager().authenticate(authRequest);
    }
}
```

在以上代码中使用 JwtAuthenticationLoginFilter()方法规定了此拦截器拦截的路径以及登录方式。当登录请求为/login 且请求方式为 POST 时，实施拦截。

当请求被拦截后执行 attemptAuthentication()方法，在此方法中复现了例 6-2 的认证代码，即 authenticate()方法执行后将会进入认证流程，执行自定义 UserDetailsService 中的 loadUser ByUsername()方法，将查询到的数据库密码与 PasswordEncoder 加密后的前端密码做比较，完成认证流程。

在配置完成认证过滤器后，接下来需要设置登录成功和登录失败后的代码，实现在登录成功后生成 JWT 并返回，在登录失败后返回失败信息。编写配置类，代码如例 6-4 所示。

【例 6-4】登录认证过滤器

```
1.  @Configuration
2.  public class JwtAuthenticationSecurityConfig extends
3.  SecurityConfigurerAdapter<DefaultSecurityFilterChain, HttpSecurity> {
4.
5.      /**
6.       * 登录成功处理器
7.       */
8.      @Autowired
9.      private LoginAuthenticationSuccessHandler
10.                                 loginAuthenticationSuccessHandler;
11.
12.     /**
```

```
13.      * 登录失败处理器
14.      */
15.     @Autowired
16.     private LoginAuthenticationFailureHandler
17.                                     loginAuthenticationFailureHandler;
18.     /**
19.      * 将登录接口的过滤器配置到过滤器链中
20.      * 1. 配置登录成功、失败处理器
21.      * 2. 将自定义的过滤器配置到 spring security 的过滤器链中
22.          配置在 UsernamePasswordAuthenticationFilter 之前
23.      * @param http
24.      */
25.     @Override
26.     public void configure(HttpSecurity http) {
27.         JwtAuthenticationLoginFilter filter=
28.                     new JwtAuthenticationLoginFilter();
29.         filter.setAuthenticationManager(
30.                     http.getSharedObject(AuthenticationManager.class)
31.         );
32.         //认证成功处理器
33.         filter.setAuthenticationSuccessHandler(
34.                     loginAuthenticationSuccessHandler
35.         );
36.         //认证失败处理器
37.         filter.setAuthenticationFailureHandler(
38.                     loginAuthenticationFailureHandler
39.         );
40.
41.         //将这个过滤器添加到 UsernamePasswordAuthenticationFilter 之前执行
42.         http.addFilterBefore(
43.                 filter,
44.                 UsernamePasswordAuthenticationFilter.class
45.         );
46.     }
47. }
```

在例 6-4 代码中，使用了主配置的子配置类 SecurityConfigurerAdapter，在此类中可以编写针对于主配置类的扩展。在 configure()方法中针对于 HttpSecurity 进行配置，在第 27～28 行代码中创建认证逻辑过滤器，在第 33～39 行代码中设置登录成功后的处理类 loginAuthentication SuccessHandler 和登录失败后的处理类 loginAuthenticationFailureHandler。其中，登录成功处理器代码如下所示。

```
public class LoginAuthenticationSuccessHandler
implements AuthenticationSuccessHandler {

    @Autowired
    private JwtUtils jwtTokenUtil;

    @Override
    public void onAuthenticationSuccess(
            HttpServletRequest httpServletRequest,
            HttpServletResponse httpServletResponse,
```

```
            Authentication authentication) throws IOException {
        UserDetails userDetails=
                (UserDetails) authentication.getPrincipal();
        SecurityContextHolder.
                getContext().
                setAuthentication(authentication);
        //TODO 根据业务需要进行处理，这里只返回两个 token
        //生成令牌
        String accessToken=
                jwtTokenUtil.createToken(userDetails.getUsername());
        //生成刷新令牌，如果 accessToken 令牌失效，则使用 refreshToken 重新获取令牌
        //refreshToken 过期时间必须大于 accessToken
        String refreshToken=
                jwtTokenUtil.refreshToken(accessToken);
        renderToken(
                httpServletResponse,
                LoginToken.builder().
                        accessToken(accessToken).
                        refreshToken(refreshToken).
                        build());
    }

    /**
     * 渲染返回 token 数据，因为前端页面接收的都是 Result 对象
     * 故使用 application/json 返回
     */
    public void renderToken(
            HttpServletResponse response,
            LoginToken token) throws IOException {
        ResponseUtils.result(
                response,new ResultMsg(200,"登录成功！",token)
        );
    }
}
```

以上代码较为复杂，实际上只完成了一个任务：根据用户名生成对应 Token，之后以 JSON 格式返回给前端。关于具体 JWT 生成的方法，感兴趣的读者可自行研究。登录失败处理器代码如下所示。

```
@Component
public class LoginAuthenticationFailureHandler
        implements AuthenticationFailureHandler {
    /**
     * 一旦登录失败则会被调用
     */
    @Override
    public void onAuthenticationFailure(
            HttpServletRequest httpServletRequest,
            HttpServletResponse response,
            AuthenticationException exception) throws IOException {

        //BadCredentialsException 这个异常一般是用户名或者密码错误
```

```
        if (exception instanceof BadCredentialsException){
            ResponseUtils.result(
                    response,
                    new ResultMsg(200,"用户名或密码不正确! ",null)
            );
        }
        ResponseUtils.result(
                response,new ResultMsg(200,"登录失败",null)
        );
    }
}
```

在以上代码中，主要完成了一个简单任务：返回错误信息。在登录成功处理器和登录失败处理器编写完成后，回到例 6-4，在第 42～45 行代码中将此过滤器设置到 UsernamePasswordAuthenticationFilter 之前，这是因为 UsernamePasswordAuthenticationFilter 同样有针对登录的过滤，而请求被 AuthenticationFilter 拦截后，将会由此 Filter 直接返回相应信息，因此将自定义的认证过滤器设置在 UsernamePasswordAuthenticationFilter 过滤器之前，保证自定义认证过滤器的生效。

配置完成登录过滤器后，将整体的子配置类应用到主配置类中，主配置类整合子配置类的核心代码如下所示。

```
http.formLogin()
    //禁用表单登录，前后端分离用不上
    .disable()
    .apply(jwtAuthenticationSecurityConfig)
    .and()
    ...
```

在以上代码中，使用 apply()方法，应用自定义的 JWT 认证配置。至此，登录认证讲解完毕。

6.4.3 业务流程及配置

在 6.4.2 小节中讲解了用户登录过程的执行流程和配置项。本节讲解用户携带 Token 访问业务时的执行流程和配置项。

当用户登录后，后端会返回前端一个 JWT 字符串，登录过后的用户访问相关业务时携带此 JWT 字符串。在后端接收到用户的业务请求时，需要解析此 Token 字符串，并认证。但是在 Spring Security 中没有针对此情况给出特定的过滤器进行扩展，因此自定义过滤器完成认证操作。

创建 TokenAuthenticationFilter 类作为过滤器过滤业务请求，代码如例 6-5 所示。

【例 6-5】解析用户 Token

```
1.  public class TokenAuthenticationFilter extends OncePerRequestFilter {
2.      /**
3.       * JWT 的工具类
4.       */
5.      @Autowired
6.      private JwtUtils jwtUtils;
7.
8.      /**
```

```
9.       * UserDetailsService 的实现类，从数据库中加载用户详细信息
10.      */
11.     @Qualifier("jwtTokenUserDetailsService")
12.     @Autowired
13.     private UserDetailsService userDetailsService;
14.
15.     @Override
16.     protected void doFilterInternal(
17.             HttpServletRequest request,
18.             HttpServletResponse response,
19.             FilterChain chain)
20.             throws ServletException, IOException {
21.
22.         String token=
23.                 request.getHeader("token");
24.         /**
25.          * token 存在则校验 token
26.          * 1. token 是否存在
27.          * 2. token 存在:
28.          * 2.1 校验 token 中的用户名是否失效
29.          */
30.         if (!StringUtils.isEmpty(token)){
31.             String username=
32.                     jwtUtils.getUsernameFromToken(token);
33.             //SecurityContextHolder.getContext().getAuthentication()==null
34.             //未认证则为 true
35.             if (!StringUtils.isEmpty(username) &&
36.                     SecurityContextHolder.getContext().getAuthentication()==
37.                             null){
38.                 UserDetails userDetails=
39.                         userDetailsService.loadUserByUsername(username);
40.                 //如果 token 有效
41.                 if (jwtUtils.validateToken(token,userDetails)){
42.                     //将用户信息存入 authentication，方便后续校验
43.                     UsernamePasswordAuthenticationToken authentication=
44.                             new UsernamePasswordAuthenticationToken(
45.                                     userDetails,
46.                                     null,
47.                                     userDetails.getAuthorities()
48.                             );
49.                     authentication.setDetails(
50.                             new WebAuthenticationDetailsSource().
51.                                     buildDetails(request)
52.                     );
53.                 //将 authentication 存入 ThreadLocal，方便后续获取用户信息
54.                 SecurityContextHolder.getContext().
55.                         setAuthentication(authentication);
56.                 }
57.             }
58.         }
59.         //继续执行下一个过滤器
```

```
60.         chain.doFilter(request,response);
61.     }
62. }
```

在例 6-5 中，第 1 行代码创建过滤器并使其继承 OncePerRequestFilter，OncePerRequestFilter 表示只执行一次的过滤器，相较普通的 Filter 更适合 Token 处理；第 22～23 行代码从请求头中取出名为 token 的 JWT 字符串；第 31～32 行代码使用 JWT 工具解析出 JWT 字符串中的用户信息；第 38～39 行代码根据用户名查询用户的信息；第 43～52 行创建 UsernamePassword AuthenticationToken 类，将用户的详细信息 UserDetails 和认证信息 Authorities 封装到此类中；第 54～56 行将封装好的 UsernamePasswordAuthenticationToken 设置到 SecurityContext 中，之后在任何时刻需要取出用户信息时，可以通过以下代码取出。

```
SecurityContextHolder.getContext().getAuthentication()
```

配置完成后，将创建的 Filter 加入容器中，在主配置类中添加如下代码。

```
@Bean
public TokenAuthenticationFilter authenticationTokenFilterBean() {
   return new TokenAuthenticationFilter();
}
```

在以上代码中，通过@Bean 注解将创建的 TokenAuthenticationFilter 类加入容器中。

随后，将 TokenAuthenticationFilter 过滤器加入 UsernamePasswordAuthenticationFilter 过滤器之前。编写主配置类代码，添加如下代码。

```
http. ...
.addFilterBefore(
            authenticationTokenFilterBean(),
            UsernamePasswordAuthenticationFilter.class
)
```

至此，针对业务的配置结束。

6.4.4 授权流程及配置

1. 授权流程

首先回顾之前两种认证情况的流程。在用户登录时，使用过滤器拦截/login 请求，将用户名和密码封装，随后查询出该用户的详细信息，放到 SecurityContext 中。

在用户访问业务时，使用过滤器拦截请求，将 Token 取出，随后根据 Token 中的用户名查询用户的详细信息，然后将详细信息放到 SecurityContext 中。

这两种访问方式实际做的事情都是获取用户的详细信息，然后将其放到 SecurityContext 中。当用户访问的接口被 Spring Security 拦截后，Spring Security 会取用 SecurityContext 中的用户信息进行授权验证。本节讲解用户访问有权限接口时的流程与配置。

在 6.4.3 小节讲解业务拦截流程时，只讲解了过滤器对 Token 的解析，没有讲解 Spring Security 的主要拦截功能。实际上，在 6.4.3 小节编写的解析 JWT 的过滤器与 Spring Security 具体的拦截流程没有关系。当编写的解析 JWT 过滤器被执行过后，还会被 Spring Security 拦截，进行相关认证。

在 Spring Security 中负责拦截的方法是 AbstractSecurityInterceptor 类中的 beforeInvocation() 方法。在此方法中，对用户进行了认证和授权，此方法的代码如例 6-6 所示。

【例 6-6】Spring Security 拦截后执行的代码

```
1.  protected InterceptorStatusToken beforeInvocation(Object object) {
2.      //获取用户的权限和角色列表
3.      Collection<ConfigAttribute> attributes=
4.              this.securityMetadataSource.getAttributes(object);
5.      //如果此权限列表不为空则执行 if 代码块，否则报错
6.      if (attributes !=null && !attributes.isEmpty()) {
7.          //如果 SecurityContextHolder 获取不到用户详细信息，则报错
8.          if (SecurityContextHolder.getContext().getAuthentication()==null)
9.          {
10.             //报错
11.         }
12.
13.         //判断用户详细信息是否已经被认证过
14.         Authentication authenticated=this.authenticateIfRequired();
15.         //进行比对，判断此次访问是否符合权限
16.         try {
17.             this.accessDecisionManager.
18.                     decide(authenticated, object, attributes);
19.         } catch (AccessDeniedException var7) {
20.             //报错
21.         }
22.
23.         return 拦截器状态令牌
24.
25.     } else {
26.         //此处如果获取到的 URL 权限列表为空，则根据一个 Boolean 属性判断是否报错
27.         return null;
28.     }
29. }
30. //判断是否被认证
31. private Authentication authenticateIfRequired() {
32.     //获取用户详细信息
33.     Authentication authentication=
34.             SecurityContextHolder.getContext().getAuthentication();
35.     //如果详细信息中的 authenticated 字段是 true，则表示已经被认证过了
36.     //此种情况对应自定义过滤器解析 Token，当解析完毕时，标记为已认证
37.     //后被 Spring Security 拦截，执行到此，判断为已认证，就不会重复认证了
38.     if (authentication.isAuthenticated()) {
39.         return authentication;
40.     } else {
41.         //如果没有认证，则进行认证
42.         authentication=
43.                 this.authenticationManager.authenticate(authentication);
44.         //认证完后将认证信息设置到 SecurityContext
45.         SecurityContextHolder.getContext().
46.                 setAuthentication(authentication);
47.         return authentication;
48.     }
49. }
```

下面讲解例 6-6 中的代码。

当代码执行到 beforeInvocation()方法时，证明 Spring Security 已经拦截了此次请求，此时一般的情况为：例 6-5 中编写的过滤器已经提前执行，将用户请求头中的 Token 取出，经过 JWT 合法验证过后，通过用户 ID 查询出的用户信息，并将其封装，放入 SecurityContextHolder 中。

第 3～4 行代码调用 SecurityMetadataSource 类的 getAttributes()方法获取需要访问资源的权限列表。如果用户拥有这些权限，则此次请求将会被放行；如果用户没有这些权限，则将会抛出异常。SecurityMetadataSource 类的 getAttributes()方法需要从数据库中取出此次访问 URL 需要的权限，因此，完成授权流程需要开发人员提供一个 SecurityMetadataSource 类，完善 getAttributes()方法。

第 14 行代码调用第 31～49 行代码的 authenticateIfRequired()方法判断用户是否已经认证，如果已经认证则直接返回，如果没有认证则进行认证。

第 17～18 行代码调用 AccessDecisionManager 类的 decide()方法判断此用户是否有对应的权限。在经过例 6-5 中的过滤器后，用户所拥有的权限已经被封装到 UserDetails 中，AccessDecisionManager 类的 decide()方法仅仅进行比对工作即可。从此次源码的阅读中得出，想要完成权限对比流程，开发人员需要提供一个 AccessDecisionManager 类，完善其 decide()方法。

2. 授权配置

编写 SecurityMetadataSource 类，代码如下所示。

```
@Component
@Slf4j
public class DynamicSecurityMetadataSource
        implements FilterInvocationSecurityMetadataSource {

    //工具类认证工具类
    @Autowired
    AuthorizationUtils authorizationUtils;

    /**
     * 获取对应 URL 的角色集合
     * @param object FilterInvocation 对象
     * @return
     * @throws IllegalArgumentException
     */
    @Override
    public Collection<ConfigAttribute> getAttributes(Object object)
            throws IllegalArgumentException {
        //获取 url
        FilterInvocation filterInvocation=(FilterInvocation) object;
        String requestUrl=filterInvocation.getRequestUrl();
        //获取拥有 URL 的角色集合（从数据库中加载）
        List<String> roles=authorizationUtils.listRoles(requestUrl);
        log.info("{} 对应的角色。{}",requestUrl,roles);
        //如果角色集合为空，则返回 null
        if (CollectionUtils.isEmpty(roles)) {
```

```
            roles.add("/test");
        }
        //自定义角色信息 --> Security 的权限格式
        String[] attributes=roles.toArray(new String[0]);
        return SecurityConfig.createList(attributes);
    }

    @Override
    public Collection<ConfigAttribute> getAllConfigAttributes() {
        return null;
    }

    //是否能为 Class 提供 Collection<ConfigAttribute>
    @Override
    public boolean supports(Class<?> clazz) {
        return true;
    }
}
```

在以上代码中，实现 FilterInvocationSecurityMetadataSource 接口，覆盖 getAttributes()方法，在此方法中取出请求访问的 URL，将此 URL 作为权限，查询数据库中对应的角色，随后将查询到的角色封装为 Collection<ConfigAttribute>返回；如果查询不到权限，即用户访问的 URL 不在用户的权限 URL 内，并不直接抛出异常，而是返回一个虚拟 URL。

编写授权所需的 AccessDecisionManager 类，代码如下所示。

```
@Component
@Slf4j
public class DynamicAccessDecisionManager
        implements AccessDecisionManager {

    /**
     * 决策方法
     * @param authentication:当前登录用户的认证信息，存储用户的信息，包括权限集合
     * @param object FilterInvocation:对象，包含请求的 url、request 等信息
     * @param configAttributes:url 对应的角色集合
     * @throws AccessDeniedException:不匹配直接抛出这个异常，会被
       RequestAccessDeniedHandler 这个处理器捕获
     */
    @Override
    public void decide(
            Authentication authentication,
            Object object,
            Collection<ConfigAttribute> configAttributes)
            throws AccessDeniedException,
                    InsufficientAuthenticationException {
        //获取用户拥有的权限信息
        Collection<? extends GrantedAuthority> authorities=
                authentication.getAuthorities();
        //这里判断用户拥有的角色和该 URL 需要的角色是否有匹配
        for (ConfigAttribute configAttribute:configAttributes) {
            String attribute=configAttribute.getAttribute();
            for (GrantedAuthority authority:authorities) {
```

```
                if (attribute.equals(authority.getAuthority())) {
                    log.info("匹配成功.");
                    return;
                }
            }
        }
        //没有匹配就抛出异常
        throw new AccessDeniedException("权限不足，无法访问");
    }
    //此 AccessDecisionManager 实现是否可以处理传递的 ConfigAttribute
    @Override
    public boolean supports(ConfigAttribute attribute) {
        return true;
    }
    //此 AccessDecisionManager 实现是否能够提供该对象类型的访问控制决策
    @Override
    public boolean supports(Class<?> clazz) {
        return true;
    }
}
```

在以上代码中，首先取出用户的权限角色信息，然后拿访问 URL 所需要的角色信息与用户所拥有的权限角色信息做比较，如果匹配，就说明该用户有访问此 URL 的权限，否则将抛出权限不足异常。

当编写完必要的配置类时，将这些配置类加入 Spring Security 中，编写主配置类，增加如下代码。

```
http. ...
.withObjectPostProcessor(
      new ObjectPostProcessor<FilterSecurityInterceptor>() {
    @Override
    public <T extends FilterSecurityInterceptor> T postProcess(T o) {
        //SecurityMetadataSource 的实现类
        o.setSecurityMetadataSource(dynamicSecurityMetadataSource);
        //投票器的实现类
        o.setAccessDecisionManager(dynamicAccessDecisionManager);
        return o;
    }
})
```

在以上代码中，开发人员通过 Spring Security 的扩展后置处理器设置两个配置类，使其生效。至此，授权配置成功。

6.4.5 Spring Security 登录演示

首先添加数据库中的数据，其中 t_auth 表、t_role 表、t_user 表、t_role_auth 表和 t_user_role 表分别如图 6.5～图 6.9 所示。

id	create_time	name	status	update_time	url
1	2022-05-12 10:52:18	user:get	1	2022-05-12 10:52:41	/get_user

图 6.5 t_auth 表

id	create_time	name	status	update_time
1	2022-05-12 10:50:30	ROLE_admin	1	2022-05-12 10:52:04

图 6.6　t_role 表

id	create_time	name	password	status	update_time	user_id	username
1	2022-05-12 10:43:27	张三	123456	1	2022-05-12 10:43:41	1	zhangsan

图 6.7　t_user 表

id	auth_id	create_time	role_id	status	update_time
1	1	2022-05-12 10:53:10	1	1	2022-05-12 10:53:13

图 6.8　t_role_auth 表

id	create_time	role_id	status	update_time	user_id
1	2022-05-12 10:51:07	1	1	2022-05-12 10:51:10	1

图 6.9　t_user_role 表

添加数据过后，使用 Postman 模拟请求。首先访问登录请求/login，请求如图 6.10 所示。

POST　localhost:8008/security-jwt/login　Send

Params　Authorization　Headers (10)　Body　Pre-request Script　Tests　Settings　Cookies

none　form-data　x-www-form-urlencoded　raw　binary　GraphQL

	KEY	VALUE	DESCRIPTION
☑	username	zhangsan	
☑	password	123456	

图 6.10　登录请求

在图 6.10 中，使用 POST 请求访问 login 控制器，并在请求体 Body 中添加 username 和 password 两个参数，单击“Send”按钮。返回值如下代码所示。

```
{
    "code": 200,
    "msg": "登录成功！",
    "data": {
        "accessToken":
"eyJhbGciOiJIUzUxMiJ9.eyJzdWIiOiJ6aGFuZ3NhbiIsImlhdCI6MTY1MzU0NjQ4NCwiZXhwIjoxNjUzNjA2NDg0fQ.0cGk4uw13KxcFFvDs7ml_an6ZMS3-E8otAhy5a9YZX6OPjzXabzoYe-3mRQ1WMQGwX9Wt9jZJz2m7RfMBRzXug"
    }
}
```

在以上代码中，返回一个 accessToken，此 Token 包含了用户名等信息，当下次发送请求时需要附带此 Token。

测试访问 Spring Security 拦截的请求/admin，在控制器中添加如下代码。

```
@PostMapping("/admin")
public String admin(){
    return "admin";
}
```

在以上代码中，编写 admin 控制器，此请求将会被 Spring Security 拦截，使用 Postman 访问，如图 6.11 所示。

图 6.11　访问被 Spring Security 拦截的方法

从图 6.11 中可以看出，未携带 Token 时，会出现未认证错误。接下来携带 Token 访问，如图 6.12 所示。

图 6.12　携带 Token 访问 admin 控制器

从图 6.12 中可以看出，将登录时生成的 Token 附带在请求头中，即可认证成功。

6.4.6　Spring Security 注解

在 Spring Security 的使用过程中，可以对业务进行权限校验，还可以在访问控制器的前后进行操作，这些都需要使用 Spring Security 提供的注解进行操作。接下来，本节讲解 Spring Security 中常用注解的使用。

Spring Security 中的常用注解如表 6.1 所示。

表 6.1　　Spring Security 中的常用注解

常用注解	注解作用
@Secured	限定控制器的权限，持有此权限才可以访问该方法
@RolesAllowed	限定控制器的角色，持有此角色才可以访问该方法
@PreAuthorize	在方法执行前，根据表达式的返回，判断是否执行该方法
@PostAuthorize	在方法执行后，根据表达式判断是否返回正常结果
@PreFilter	对集合类型的参数进行过滤
@PostFilter	对集合类型的返回值进行过滤

下面详细讲解表 6.1 中的注解。

1. @Secured 注解

编写如下控制器代码，测试@Secured 注解的使用。

```
@Secured({"ROLE_admin"})
@PostMapping("/get_user")
public String hello1() throws JsonProcessingException {
    Authentication authentication=
            SecurityContextHolder.getContext().getAuthentication();
    SecurityUser user=(SecurityUser) authentication.getPrincipal();
    return new ObjectMapper().writeValueAsString(user);
}
```

在以上代码中，使用@Secured 注解来限定用户的角色。如果此用户存在 ROLE_admin 角色，则允许执行此方法，否则抛出权限异常。

使用 Postman 访问/get_user 控制器，结果如图 6.13 所示。

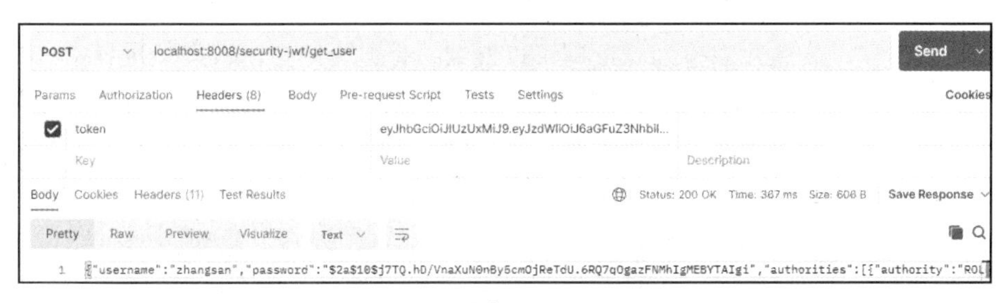

图 6.13 测试@Secured 注解

从图 6.13 中可以看出，访问成功，这是因为数据库中此用户含有 ROLE_admin 角色。如果将数据库中此用户的权限改为其他值，则图 6.13 中的访问将失败。

2. @RolesAllowed 注解

@RolesAllowed 注解与@Secured 注解的底层执行方法相同，因此与@Secured 注解的功能完全相同，在实际使用中可根据喜好使用。

3. @PreAuthorize 注解

@PreAuthorize 注解将在执行方法前判断条件是否满足，如果不满足直接抛出异常，不执行被此注解标注的方法，编写以下代码。

```
/*使用#可以取出此控制器对应参数的值*/
@PreAuthorize(value="#stuId<10")
@GetMapping("/addStudentById/{id}")
public String hello3(@PathVariable("id") int stuId) {
    System.out.println("添加学生 id 为: "+stuId);
    return "add success";
}

@PreAuthorize(value="#user.userId=='1'")
@PostMapping("/addStudentByUserId")
```

```
public String hello4(@RequestBody User user) {
    System.out.println("添加学生 id 为: "+user.getUserId());
    return "add success";
}

@PreAuthorize(value="hasAuthority('ROLE_admin')")
@PostMapping("/testPreAuthorize")
public String hello10() {
    return "success";
}

@PreAuthorize(value="principal.username.equals(#username)")
@PostMapping("/addStudent")
public String hello5(String username) {
    System.out.println("添加学生姓名为: "+username);
    return "add success";
}
```

在以上代码中展示了@PreAuthorize 注解的多种用法，此注解允许传入一个字符串。在字符串中编写表达式，表达式的值为 true 则可以继续执行，否则报出权限不足异常。

@PreAuthorize 注解中的 value 属性可以使用#来获取参数中的值。在访问第一个控制器时，value 属性的值是#stuId<10，这表示传入的 stuId 如果小于 10 则可以执行该方法，如果大于或等于 10 则将抛出权限异常。

第二个控制器中的 value 属性取用了前端传入的 User 对象，使用 user.userId 即可取出 User 对象中的 userId。

第三个控制器中的 value 值引用了一个方法，此方法名为 hasAuthority()。此方法表示用户是否含有某个角色，则第三个控制器表示用户是否有 ROLE_admin 角色。

第四个控制器中的 value 值引用了一个默认对象 principal，此对象表示用户的详细信息，通过 principal.username 可以取出用户的名称，并使用 equals()方法判断此名称是否与参数名相同，如果相同则执行此控制器。

4. @PostAuthorize 注解

@PostAuthorize 注解表示在方法结束后的判断，如果此注解中表达式的值为 true 则正常返回，如果为 false 则直接抛出异常。编写以下代码使用@PostAuthorize 注解。

```
@PostAuthorize("returnObject.userId=='1'")
@PostMapping("/getUser")
public User hello6() {
    User user=new User();
    user.setUserId("1");
    System.out.println("获取用户");
    return user;
}
```

在以上代码中，@PostAuthorize 中 value 属性为 returnObject.userId=='1'表达式，此表达式中 returnObject 代指返回值，returnObject.userId 代表的是返回值 User 对象的 userId 属性，如果此属性等于 1，则正常返回。

5. @PreFilter 注解

@PreFilter 注解负责过滤集合参数，不符合条件的参数将会被过滤。下面编写代码使用@PreFilter 注解。

```
@PreFilter(filterTarget="listId", value="filterObject%2==0")
@GetMapping("/adduser")
public String hello7(@RequestParam("listId") List<Integer> listId ){
    System.out.println("添加成功: "+listId);
    return "添加成功: "+listId;
}
```

在以上代码中，使用@PreFilter 注解对参数进行过滤，其中 filterTarget 属性可以根据此属性的值，取到相应的参数对象，随后在@PreFilter 注解的 value 属性中引用此对象。filterTarget 属性代表 listId 参数，而 value 属性是 filterObject%2==0，则 listId 对象集合中不可以被 2 整除的值将会被过滤。

此例使用 Postman 进行测试，结果如图 6.14 所示。

图 6.14 测试@PreFilter 注解

从图 6.14 中可以看出，经过@PreFilter 注解的筛选，listId 集合中只剩下可以被 2 整除的值。

6. @PostFilter 注解

@PostFilter 注解负责在方法执行后对参数集合进行过滤。编写如下代码测试@PostFilter 注解。

```
@PostFilter(value="returnObject.userId=='1'")
@PostMapping("/getUserList")
public List<User> hello8(){
    User user1=new User();
    User user2=new User();
    user1.setUserId("1");
    user2.setUserId("2");
    System.out.println("获取用户列表");
    return new ArrayList(Arrays.asList(user1,user2));
}
```

在以上代码中，@PostFilter 注解的 value 参数为 returnObject.userId=='1'，此参数的

returnObject 代指返回值对象，returnObject.userId 则代表返回值对象中的 userId 属性。此 @PostFilter 注解表示过滤掉返回值中 userId 不等于 1 的值。

6.5 本章小结

本章主要讲解Spring Security的授权和认证，由于Spring Security的自定义配置较为复杂，因此本章带领读者阅读部分核心源码，使读者对整个 Spring Security 的认证有一个初步的理解。本章首先讲解了 RBAC 数据库表设计思想，随后讲解了 Spring Security 的核心组件，然后讲解了前后端业务分离时 Token 的传输，最后讲解了 Spring Security 的工作流程和注解配置。学完本章，读者需要理解 Spring Security 的基本认证和授权流程。

6.6 习题

1．填空题

（1）RBAC 模型中重要的组成有________、________和________。

（2）Spring Security 中________负责存储用户的认证与授权信息，________负责存储用户名、密码和权限。

2．选择题

（1）在前后端分离的登录流程中，下列说法错误的是（　　）。

A．在企业开发中，通常将登录时的 Cookie 换为 Token，以此来灵活配置登录流程

B．在前端接收到 Token 时，需要将 Token 存放在浏览器中，随后在发送请求到后端时附加此 Token

C．在后端接收到前端的 Token 时，需要解析 Token 中的信息，随后对前端请求做相应的处理

D．在前后端登录流程中，使用 Token 时，Token 必须携带用户的信息

（2）关于 RBAC 权限的说法，错误的是（　　）。

A．RBAC 权限之间的关系为一对多

B．Role 表示角色，User 表示用户，Permission 表示权限

C．一个用户可以有多个角色，一个角色可以有多个权限

D．在设置 RBAC 模型时，除用户表、角色表和权限表之外，还需要两个联系表

3．思考题

（1）简述前后端登录流程。

（2）简述 Spring Security 登录流程。

第 7 章 Spring Boot 消息服务

本章学习目标

- 了解 Web 开发中常见的消息队列中间件。
- 了解消息队列 RabbitMQ 的数据一致性方案。
- 掌握消息队列 RabbitMQ 的使用。

在常见的 Web 开发中，经常会使用消息队列处理任务。消息队列是一种进程间或者线程间的异步通信方式，生产者将任务发送到消息队列中，消费者将任务取出并执行。一个完善的消息队列需要保证任务不丢失，即任务要么被成功消费，要么就停留在队列中，等待下一次消费。消息队列在整个应用程序中起到了承上启下的作用，因此消息队列又称为消息中间件。本章将带领读者了解 Web 开发中常见的消息中间件，其中 RabbitMQ 的使用需要读者重点掌握。

7.1 消息中间件的作用及优点

消息中间件的关键作用是解耦和削峰，本节从几个经常出现的场景讲解消息中间件的使用。

1. 解耦

当订单服务调用库存服务时，库存服务会给商家发送一条提醒的消息，在订单量众多的情况下，提醒服务会给整个调用链增加负担，而且当提醒服务出现问题时，整个库存服务都将受到影响。如果使用异步注解来对此种情况进行解耦将会消耗线程资源，因此最佳的选择是将此任务交给中间件，由中间件来保证此条提醒消息的正确传输。消息中间件解耦流程图如图 7.1 所示。

从图 7.1 中可以看出，库存服务调用提醒服务转变为库存服务将消息发送给消息中间件，然后由提醒服务从消息中间件中取出任务并执行。此种方式对库存服务与提醒服务之间进行了解耦。

2. 削峰

在 Web 运维中难免会有一些流量激增的情况，这时为了处理这种情况而投入大量服务器显然是一种浪费。处理此问题比较合适的方法有服务熔断，即在请求数超过规定值时直接拒绝接下来的请求。除此之外，还可以使用消息中间件来分担一部分请求，等到流量顶峰过去后，再从消息队列中取出相应的请求进行处理。消息中间件削峰流程图如图 7.2 所示。

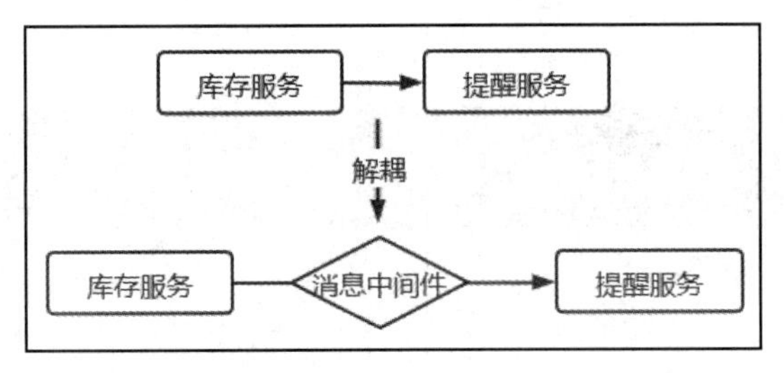

图 7.1　消息中间件解耦流程图

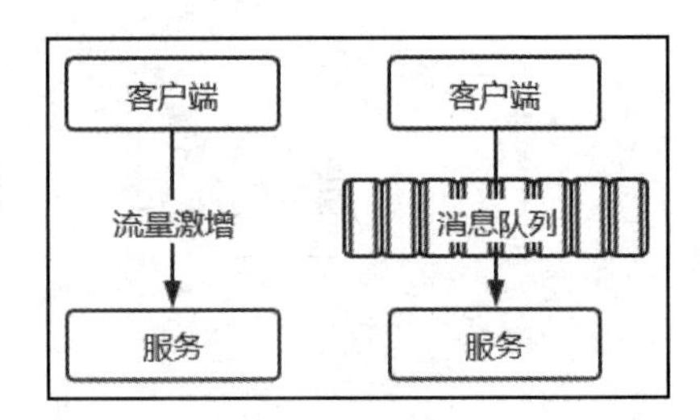

图 7.2　消息中间件削峰流程图

从图 7.2 中可以看出，经过消息队列处理，客户端的激增流量被消息队列接收，随后服务器以最大的处理能力从消息队列中取出任务执行，保证了服务的安全性。

7.2　常用的消息中间件

本节介绍常用的消息中间件。在常用的消息队列中较为主流的有 RabbitMQ、RocketMQ 和 Kafka，各消息队列性能对比如表 7.1 所示。

表 7.1　各消息队列性能对比

特性	RabbitMQ	RocketMQ	Kafka
开发语言	Java、Erlang	Java	Scala
单机吞吐量	万级	10 万级	10 万级
时效性	μs 级	ms 级	ms 级
可用性	高（主从架构）	非常高（分布式架构）	非常高（分布式架构）
功能特性	基于 Erlang 开发，并发能力强，性能极好，延时低，管理界面丰富	MQ 功能比较完善，扩展性佳	MQ 功能不完善，专为大数据准备

从表 7.1 中可以看出，RabbitMQ 相较 RocketMQ，性能上稍微不足，但是延时低，管理界面友好，部署方式简便，适合小中型企业级开发。当使用大型项目时，RabbitMQ 的并发能力将会有所欠缺，此时使用 RocketMQ 是一个更好的选择。Kafka 相较其他消息队列，更倾向于大数据开发。如果进行大数据相关开发，Kafka 将是不二选择。

7.2.1　RabbitMQ

RabbitMQ 发布于 2007 年，是一个在高级队列协议 AMQP（Advanced Message Queuing Protocol）的基础上完成的。

1．优点

RabbitMQ 非常容易部署和使用，是一个轻量级消息队列。

RabbitMQ 支持多种消息队列的协议。

RabbitMQ 在生产者和消费者之间设置了一个交换机，生产者发送消息时附带此消息的标识，RabbitMQ 中的交换机接收到此消息时，通过消息标识匹配相应的消费者。此种匹配的方式称为路由。路由的规则非常灵活，用户可以自己来实现路由规则。

RabbitMQ 具有健壮、稳定、易用和跨平台等多种优点，支持多种语言，管理界面丰富，社区非常活跃。

2. 缺点

RabbitMQ 对消息堆积的处理有所欠缺。当大量消息积压时，RabbitMQ 的性能会急剧下降。

RabbitMQ 性能有瓶颈。当需要每秒处理 10 万级以上的请求时，RabbitMQ 将不再适用此系统。

RabbitMQ 使用 Erlang 语言进行开发。当需要二次开发时，RabbitMQ 学习成本较高。

7.2.2　RocketMQ

RocketMQ 是阿里公司的开源产品，使用 Java 语言实现，广泛应用在订单、交易、充值、流计算、消息推送、日志流式处理等场景。

1. 优点

RocketMQ 单机吞吐量高，可用性非常高，消息可以做到 0 丢失。

RocketMQ 的所有消息都是持久化的，先写入内存，然后写入硬盘，这样可以保证内存与磁盘都有一份数据。

RocketMQ 使用分布式架构，扩展性好，功能完善。

RocketMQ 支持 10 亿级别的消息堆积，不会因为堆积导致性能下降。

RocketMQ 源码是 Java，方便定制属于开发人员自己的 MQ。

2. 缺点

RocketMQ 支持的客户端语言不多，目前只有 Java 和 C++。

RocketMQ 的社区活跃度不高。作为国产消息队列，相比国外比较流行的同类产品，RocketMQ 在国际上不如其他主流消息队列流行。

7.2.3　Kafka

Apache Kafka 是一个分布式消息发布订阅系统。作为一款为大数据而诞生的消息中间件，Kafka 在数据采集、传输、存储的过程中发挥着举足轻重的作用。

1. 优点

Kafka 性能卓越，单机写入的 TPS（每秒事务处理量）约在百万条/秒，其最大的优点就是吞吐量高。

Kafka 可用性非常高，采用分布式架构，一个数据有多个副本，少数机器会宕机，不会丢失数据，不会导致不可用。

Kafka 有优秀的第三方 Kafka Web 管理界面 Kafka-Manager。

Kafka 在日志领域比较成熟，被多家公司和多个开源项目使用。

2．缺点

Kafka 由于理念“攒一波再处理”，即消息不会立即被消费，因此延迟较高。

7.3 RabbitMQ 消息中间件的使用

通过对 7.2 节的学习，读者已经了解了各个消息中间件的优缺点。由于 Kafka 是针对大数据研发，而 RocketMQ 是针对大型 Web 系统且安装部署较为复杂，因此通过对需求的分析，本节着重讲解消息中间件 RabbitMQ。感兴趣的读者可以自行学习其他两种消息中间件。

7.3.1 RabbitMQ 核心概念

RabbitMQ 具有四大核心概念，这些概念分别是生产者、交换机、队列和消费者。

1．生产者

生产者负责将消息放入 RabbitMQ 中，生产者的实现是产生数据发送消息的程序。

2．交换机

交换机负责生产者和队列中的消息转发，是 RabbitMQ 非常重要的一个部件。它接收来自生产者的消息，并根据消息的路由键以及交换机的类型、绑定规则将这些消息有效路由到一个或多个关联的队列中。

3．队列

队列负责接收交换机或者生产者发送的消息；当消费者连接此队列时，队列负责将消息发送到消费者。

4．消费者

消费者负责消费队列中的消息，是一个等待接收消息的程序。

7.3.2 RabbitMQ 的工作原理

在使用 RabbitMQ 之前，开发人员需要熟悉其工作流程。在工作流程中较为重要的概念有 Message、Broker、Virtual Host、Connection、Channel、Exchange、Queue 和 Binding。RabbitMQ 的工作流程如图 7.3 所示。

从图 7.3 中可以看出，首先 Producer（生产者）通过 Connection 连接来与 RabbitMQ 通信。其中的 Connection 就是 TCP 连接。一旦此 TCP 连接建立成功，客户端就创建一个 AMQP Channel（信道）来与 RabbitMQ 通信。

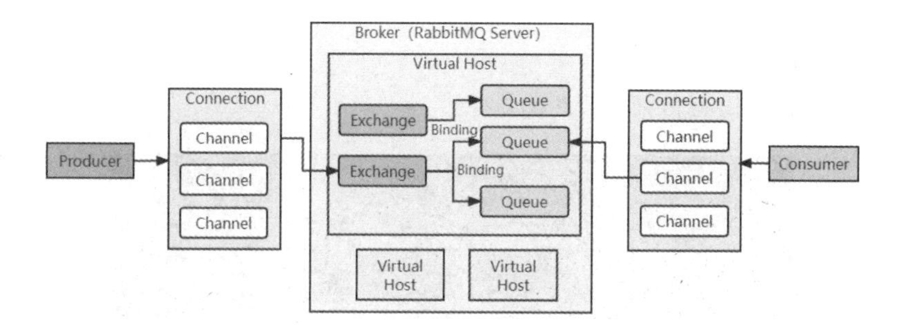

图 7.3 RabbitMQ 的工作流程

为什么不直接使用 Connection 与 RabbitMQ 进行连接呢？这是因为如果一个程序有多个线程需要连接 RabbitMQ，就要建立多个 Connection 连接，即建立多个 TCP 连接，而操作系统建立和销毁 TCP 连接都会消耗大量的资源。RabbitMQ 选择 TCP 连接复用，既可以减少性能开销，同时也便于 RabbitMQ 管理。

在建立完成 Channel 后，Message（消息）将会传入 Broker 中，Broker 是接收和分发 Message 的应用，在此代指 RabbitMQ。

Message 传入 Broker 中后，RabbitMQ 选择一个 Exchange（交换机）接收此 Message，随后 Exchange 根据 Message 的路由键决定将消息发送到哪个 Queue（队列）中。例如，生产者发送以下消息。

```
{
    RoutingKey: hello
    Body: 你好啊
}
```

Exchange 根据 RoutingKey 将以上消息发送到与路由键 hello 匹配的 Queue 中。假设此时有一个 Queue 接收以“hello”开头的消息，则 Exchange 将会与此队列建立 Binding（连接），将“你好啊”发送到此 Queue 中。其中，Binding 是 Exchange 和 Queue 之间的虚拟连接。

Virtual Host 指的是一个缩小版的 RabbitMQ 服务器，拥有自己的队列、绑定、交换器和权限控制。开发人员可以针对 Virtual Host 来分配相应的操作权限。

此处 Exchange 有 3 种主要模式来进行 Message 的转发。第一种模式是直连模式（Direct），此种模式对应单播场景，可以不设置 RoutingKey 进行匹配，直接通过 Queue 来交互。第二种模式是扇出模式（Fanout），在此种模式下也可以不设置 RoutingKey，当 Message 发送到 Exchange 中后，Exchange 将 Message 发送到与此 Exchange 绑定的所有 Queue 上。第三种模式是话题模式（Topic），在此种模式下需要设置 RoutingKey，Exchange 会根据 RoutingKey 来将 Message 发送到匹配的 Queue 中。

7.3.3 RabbitMQ 的部署

RabbitMQ 的安装涉及很多插件的下载，因此本小节选用 Docker 一键式部署 RabbitMQ。在 3.2.4 小节中已经部署完成了 Docker，在此直接使用此 Docker 安装 RabbitMQ。在 Linux 操作系统中输入以下命令。

```
docker pull rabbitmq
```

输入以上命令后，等待安装完毕，安装完后查看此 RabbitMQ 镜像，在控制台中输入如下命令。

```
docker images
```

执行查看命令后，控制台如图 7.4 所示。

```
[root@iZ2zefedjw6xp4ar9nbs6kZ ~]# docker images
REPOSITORY   TAG      IMAGE ID       CREATED         SIZE
rabbitmq     latest   d445c0adc9a5   5 months ago    220MB
redis        latest   621ceef7494a   16 months ago   104MB
nginx        latest   f6d0b4767a6c   16 months ago   133MB
mysql        8.0.20   be0dbf01a0f3   24 months ago   541MB
java         8u111    d23bdf5b1b1b   5 years ago     643MB
```

图 7.4　查看 RabbitMQ 镜像

从图 7.4 中可以看出，RabbitMQ 镜像安装成功。之后，根据此镜像生成一个容器，运行如下命令。

```
docker run -d  -p 5672:5672 -p 15672:15672 -p 25672:25672 rabbitmq
```

在以上代码中，-d 表示此容器后台运行，-p 表示映射的端口号。如果读者使用阿里云服务器，则需要开放 5672 和 15672 端口号的防火墙。运行成功后，开放控制台的访问权限，即在控制台中输入以下命令。

```
docker exec -it rabbitmq rabbitmq-plugins enable rabbitmq_management
```

在以上命令中，docker exec 命令是进入容器的命令，整条命令表示在 RabbitMQ 容器内部执行 rabbitmq-plugins enable rabbitmq_management 命令，从而激活控制台。

激活控制台后，访问以下地址，进入管理平台。

```
http://服务器 ip:15672/
```

进入管理平台后进行登录，默认的用户名和密码均为 guest，登录后的界面如图 7.5 所示。

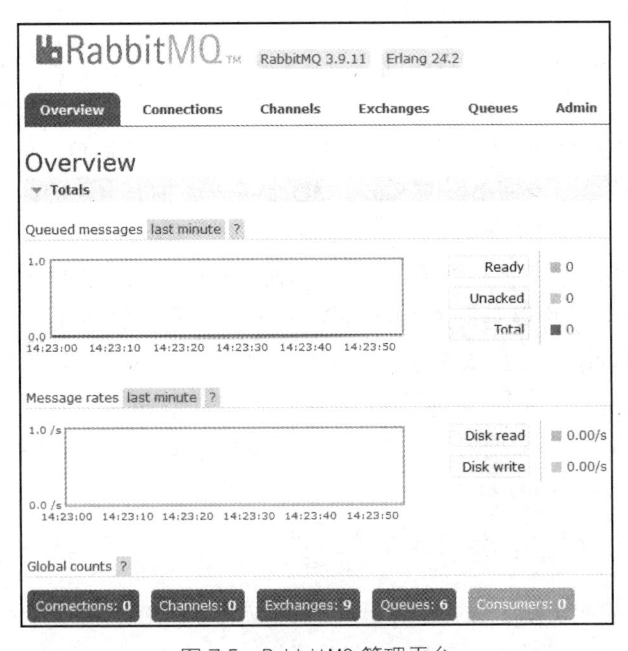

图 7.5　RabbitMQ 管理平台

在图 7.5 中，可以看到 RabbitMQ 管理平台中有 6 个选项卡，分别为 Overview、Connections、Channels、Exchanges、Queues 和 Admin。在此着重讲解 Exchanges 和 Queues 两个选项卡。

单击 Exchanges 选项卡，如图 7.6 所示。

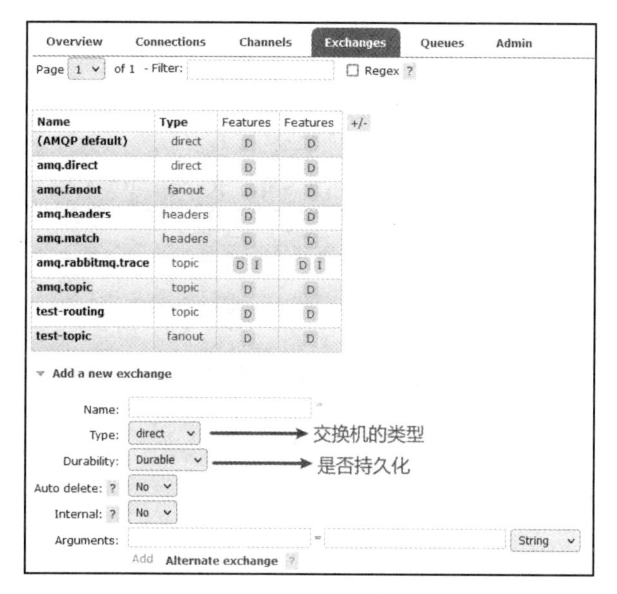

图 7.6　Exchanges 选项卡

在图 7.6 中，上方表格中显示的是交换机表格，下方是添加交换机的选项。在下方的选项中，Type 表示交换机的类型，此处交换机的类型有 4 种，分别是 direct、fanout、headers 和 topic（其中 headers 类型不常用，感兴趣的读者可以自行学习）；Durability 选项中的 Durable 表示的是持久化，此选项一般选择 Durable。

单击 Queues 选项卡，如图 7.7 所示。

Overview　Connections　Channels　Exchanges　Queues　Admin

Queues

All queues (6)

Pagination

Page 1 of 1 - Filter:　Regex ?

Overview　+/-

Name	Type	Features	Features	Policy
test-routing-1	classic	D Args	D Args	?
test-routing-2	classic	D Args	D Args	?
test-routing-3	classic	D Args	D Args	?
test-simple-queue	classic	D Args	D Args	?
test-topic-1	classic	D Args	D Args	?
test-topic-2	classic	D Args	D Args	?

Add a new queue

Type: Classic → 类型选择为经典队列

Name:

Durability: Durable → 是否持久化

Auto delete: ? No → 是否自动删除

Arguments: = String

图 7.7　Queues 选项卡

在图 7.7 中，上方表格中显示的是队列表格，下方是添加队列的选项。在下方的选项中，

Type 表示队列的类型，此处队列的类型有 3 种，分别是 Classic、Quorum 和 Stream；Durability 选项中的 Durable 表示的是持久化，创建的队列如果不选择 Durable，则数据可能丢失；Auto delete 选项表示当此队列未绑定任何交换机时，是否自动删除此队列。

7.3.4 RabbitMQ 的使用

根据交换机的 direct、fanout 和 topic 类型，编写 RabbitMQ 示例。导入 RabbitMQ 依赖，依赖代码如下所示。

```
<dependency>
   <groupId>org.springframework.boot</groupId>
   <artifactId>spring-boot-starter-amqp</artifactId>
</dependency>
<dependency>
   <groupId>org.springframework.amqp</groupId>
   <artifactId>spring-rabbit-test</artifactId>
   <!--<scope>test</scope>-->
</dependency>
```

引入以上 RabbitMQ 依赖和 RabbitMQ 测试依赖，随后编写 3 种交换机类型的代码示例。

1. direct 类型

在 direct 类型下，生产者可以绕过交换机，直接与队列进行消息传递，消费者直接从队列中取得消息即可。

首先打开 RabbitMQ 的控制面板添加队列，操作如图 7.8 所示。

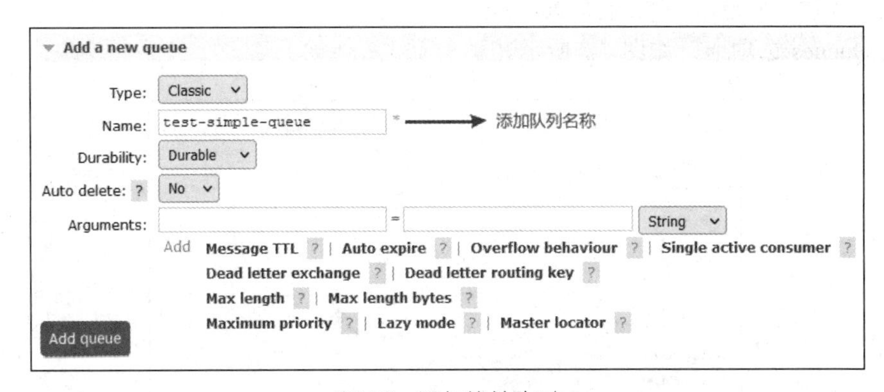

图 7.8 添加简单队列

如图 7.8 所示，Name 填入队列名称，Durability 选项选择 Durable，单击“Add queue”按钮即可添加队列。添加队列后，生产者和消费者将通过此队列进行沟通。

新建消费者项目，修改配置文件，修改后的 application.yml 文件如下所示。

```
spring:
  rabbitmq:
    host: 127.0.0.1
    port: 5672
    virtual-host: /
    username: guest
    password: guest
```

在以上代码中，编写 RabbitMQ 的连接配置，其中 host 表示 RabbitMQ 的主机地址；port 表示主机的端口号；virtual-host 表示虚拟主机地址，此处如果没有配置虚拟主机，则默认使用/；username 表示此虚拟主机的连接用户名；password 表示此虚拟主机的连接密码。

配置完成后，编写消费者代码，如例 7-1 所示。

【例 7-1】RabbitConsumer_simple 消费者代码

```
1.  @Component
2.  //指定监听的队列名
3.  @RabbitListener(queues="test-simple-queue")
4.  public class RabbitConsumer_simple {
5.      @RabbitHandler //消息接收处理
6.      public void showMsg(String message) {
7.          //得到 producer 中发送的 Object 数据
8.          //此处可根据传过来的类型来选择接收，否则抛出异常
9.          System.out.println("test-simple-queue 收到的消息内容为：" + message);
10.     }
11. }
```

在例 7-1 中，第 3 行代码使用@RabbitListener 注解标注一个类，表示监听 RabbitMQ 的某个队列，当此队列有消息时处理此消息；第 5 行代码使用@RabbitHandler 注解标注一个方法，当监听的 RabbitMQ 有消息时，此方法会被调用，消息将会通过参数传入此方法。

在测试类中编写生产者代码，向队列中添加一条消息。生产者代码如下所示。

```
@Test
public void sendQueueSimple(){
    System.out.println("测试单播，开始向队列中发送一条消息！");
    //参数 1：管理中的队列名。参数 2：发送的消息
    rabbitTemplate.convertAndSend(
            "test-simple-queue","message:这是一条消息！"
    );
}
```

在以上代码中，RabbitTemplate 从容器中取出，RabbitTemplate 的 convertAndSend()方法表示发送一条消息。当参数为两个时，首个参数代表 RoutingKey，此处为队列的名称，第二个参数代表消息本体。

运行消费者代码，随时准备消费消息，随后运行生产者的测试类，观察消费者控制台的输出。当生产者发送消息后，消费者控制台的输出结果如下所示。

```
test-simple-queue 收到的消息内容为：message:这是一条消息！
```

从以上输出结果可以看出，消费者成功取到生产者发送到队列 test-simple-queue 的内容。

2. fanout 类型

fanout 类型是广播类型，即通过交换机将消息发送到与交换机绑定的所有队列。想要完成广播类型，在这里需要准备一个交换机和多个队列，在 RabbitMQ 控制面板中创建交换机，操作如图 7.9 所示。

在图 7.9 中，Name 是交换机的名称；Type 是交换机的类型，此处需要选用 fanout 类型；Durability 是持久化，此处选用 Durable；Auto delete 表示当没有队列与此交换机绑定时，是否删除此交换机；Internal 表示限制客户端与此交换机的直接连接，当此选项设置为 true 时，只允许其他交换机与此交换机进行绑定。

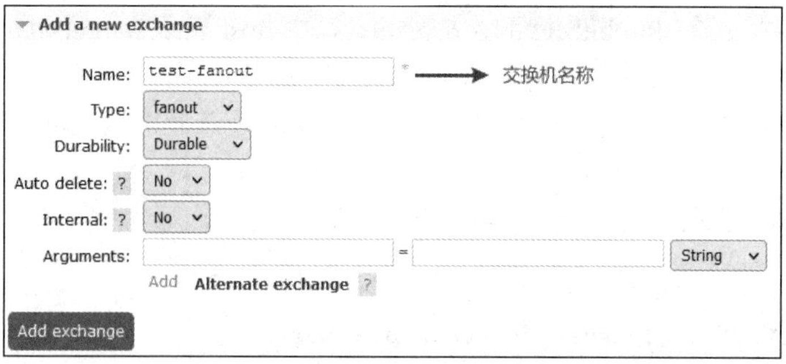

Add a new exchange

Name: test-fanout * → 交换机名称

Type: fanout

Durability: Durable

Auto delete: ? No

Internal: ? No

Arguments: = String

Add Alternate exchange ?

Add exchange

图 7.9　创建交换机

创建完成后，开始创建队列，此处创建两个队列，操作如图 7.10 所示。

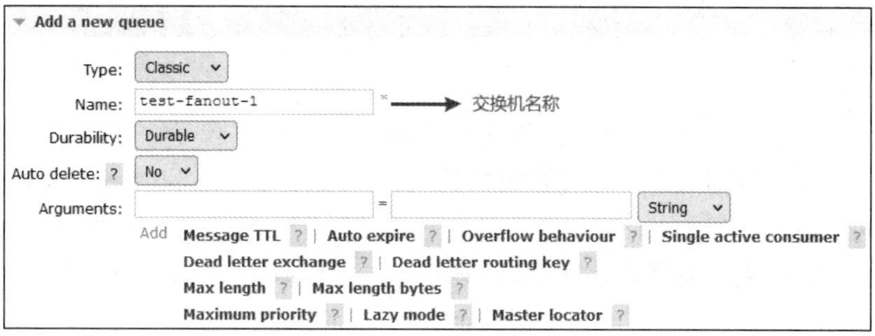

Add a new queue

Type: Classic

Name: test-fanout-1 * → 交换机名称

Durability: Durable

Auto delete: ? No

Arguments: = String

Add Message TTL ? | Auto expire ? | Overflow behaviour ? | Single active consumer ?

Dead letter exchange ? | Dead letter routing key ?

Max length ? | Max length bytes ?

Maximum priority ? | Lazy mode ? | Master locator ?

图 7.10　创建队列

在图 7.10 中，创建 test-fanout-1 与 test-fanout-2 两个队列。之后将交换机与这两个队列进行绑定，绑定时需要单击队列列表中的队列，绑定操作如图 7.11 所示。

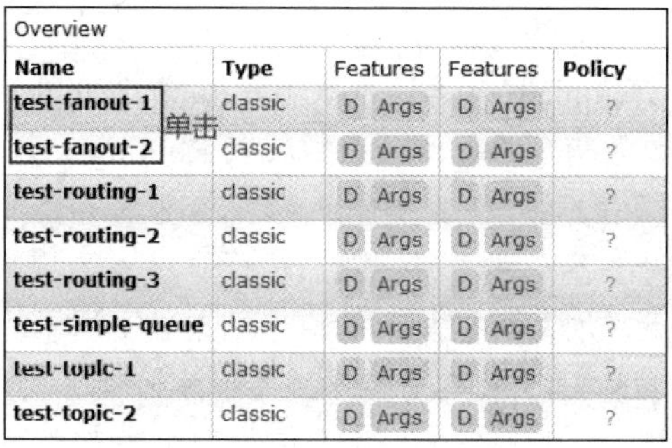

Overview

Name	Type	Features	Features	Policy
test-fanout-1	classic	D Args	D Args	?
test-fanout-2	classic	D Args	D Args	?
test-routing-1	classic	D Args	D Args	?
test-routing-2	classic	D Args	D Args	?
test-routing-3	classic	D Args	D Args	?
test-simple-queue	classic	D Args	D Args	?
test-topic-1	classic	D Args	D Args	?
test-topic-2	classic	D Args	D Args	?

单击

图 7.11　单击队列

随后进入图 7.12 所示的操作界面。

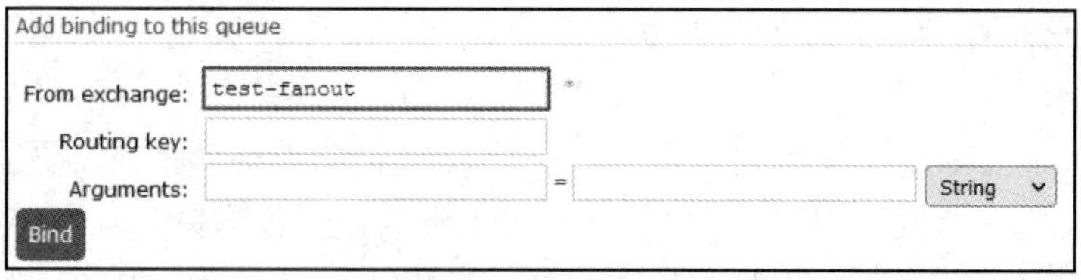

Add binding to this queue

From exchange: test-fanout *

Routing key:

Arguments: = String

Bind

图 7.12　绑定交换机

从图 7.12 中可以看出，将交换机的名称填入 From exchange 即可。由于此交换机模型是 fanout，因此不需要填写 Routing key。接下来编写消费者代码，代码如下所示。

```
//RabbitConsumer_Fanout1 消费者
@Component
@RabbitListener(queues="test-fanout-1")
public class RabbitConsumer_Fanout1 {
   @RabbitHandler
   public void getMessage1(String message){
      System.out.println("test-fanout-1 收到的消息内容为：" + message);
   }
}
//RabbitConsumer_Fanout2 消费者
@Component
@RabbitListener(queues="test-fanout-2")
public class RabbitConsumer_Fanout2 {
   @RabbitHandler
   public void getMessage2(String message){
      System.out.println("test-fanout-2 收到的消息内容为：" + message);
   }
}
```

编写完成后，运行此 Spring Boot 程序，将消费者启动。继续在测试类中编写生产者代码，代码如下所示。

```
@Test
public void sendQueueFanout(){
   System.out.println("测试广播类型，开始向队列中发送一条消息！");
   // 参数 1：管理中的队列名。参数 2：发送的消息
   rabbitTemplate.convertAndSend(
         "test-fanout",
         "",
         "message:这是一条消息！这条消息任何人都可以接收到");
   System.out.println("消息发送完毕！");
}
```

在以上代码中，使用 RabbitTemplate 类的 convertAndSend()方法发送消息，当此方法有 3 个参数时，第一个参数表示交换机名称，第二个参数表示 RoutingKey，第三个表示消息。此处 RoutingKey 为空，表示发送给此交换机的所有绑定队列。

运行生产者代码，消费者控制台输出如下结果。

```
test-fanout-1 收到的消息内容为：message:这是一条消息！这条消息任何人都可以接收到
test-fanout-2 收到的消息内容为：message:这是一条消息！这条消息任何人都可以接收到
```

从以上结果可以看出，两个队列都接收到了生产者发送的消息，fanout 类型测试成功。

3．topic 类型

topic 类型中，交换机按照 RoutingKey 来匹配队列，并将消息转发到匹配的队列。想要实现 topic 类型，在这里需要创建一个交换机和多个队列，因此，在 RabbitMQ 控制面板中创建交换机，操作如图 7.13 所示。

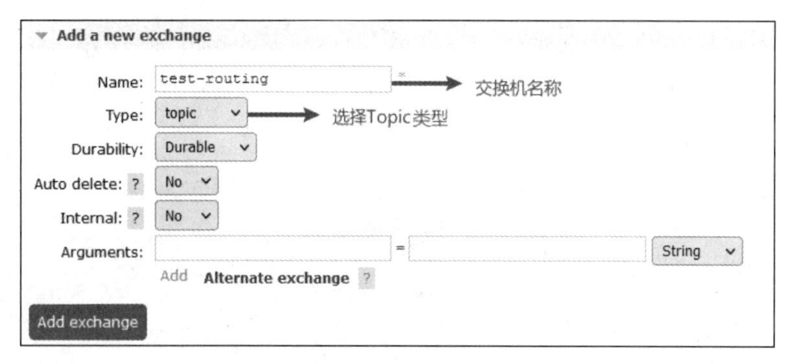

图 7.13　添加交换机

创建队列，操作如图 7.14 所示。

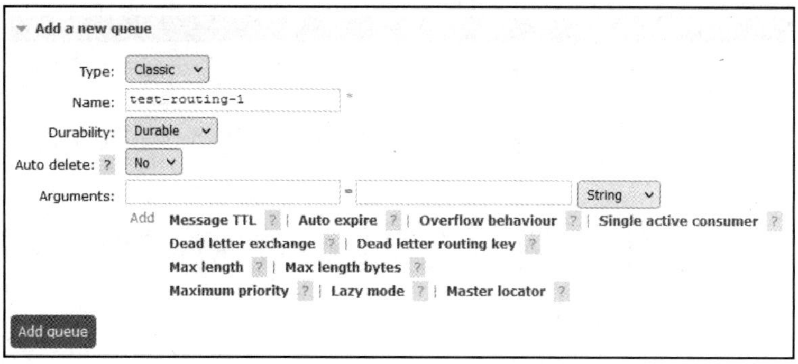

图 7.14　添加队列

在图 7.14 中，创建 3 个队列：test-routing-1、test-routing-2 和 test-routing-3。创建完后单击队列名，进入队列绑定界面，设置队列的绑定信息，操作如图 7.15 所示。

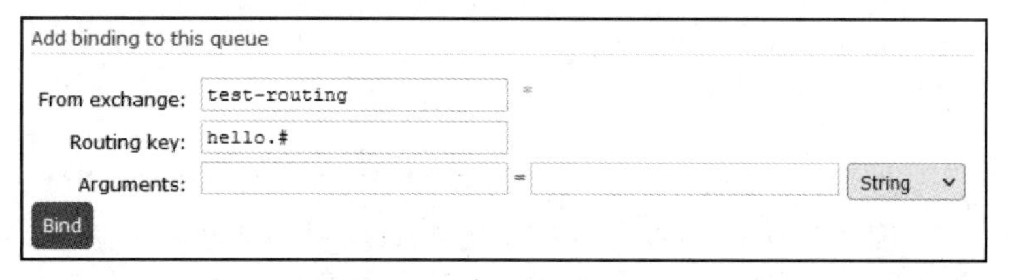

图 7.15　添加队列绑定

在图 7.15 中，为每个队列绑定交换机。需要注意的是，topic 类型需要设置队列与交换机之间的 Routing key，Routing key 的编写规范如下所示。

- 每条消息会被发送到所有符合路由规则的 Routing key 对应的队列。
- 通配符可以使用“*”和“#”两种，“*”代表匹配任意一个关键词，“#”代表匹配一个或多个关键词。
- 通配符和普通字符之间需要使用“.”隔开。

此队列的 Routing key 被设置为“hello.#”，则消息发送时附带的 Routing key 如果以“hello”开头，则此消息将会通过交换机发送到此队列。

设置 test-routing-2 的 Routing key 为“*.hi.#”，设置 test-routing-3 的 Routing key 为“bai.#”，

之后编写测试代码。首先编写消费者代码，代码如下所示。

```
//RabbitConsumer_Routing1 消费者
@Component
@RabbitListener(queues="test-routing-1")
public class RabbitConsumer_Routing1 {

    @RabbitHandler
    public void getMessage1(String message){
        System.out.println("test-routing-1 收到的消息内容为: " + message);
    }
}
//RabbitConsumer_Routing2 消费者
@Component
@RabbitListener(queues="test-routing-2")
public class RabbitConsumer_Routing2 {

    @RabbitHandler
    public void getMessage2(String message){
        System.out.println("test-routing-2 收到的消息内容为: " + message);
    }
}
//RabbitConsumer_Routing3 消费者
@Component
@RabbitListener(queues="test-routing-3")
public class RabbitConsumer_Routing3 {

    @RabbitHandler
    public void getMessage3(String message){
        System.out.println("test-routing-3 收到的消息内容为: " + message);
    }
}
```

在以上代码中，创建3个消费者分别消费队列test-routing-1、test-routing-2和test-routing-3。接下来创建生产者，代码如下所示。

```
@Test
public void sendQueueRouting(){
    System.out.println("测试广播类型，开始向队列中发送一条消息！");
    //参数 1：管理中的队列名。参数 2：发送的消息
    rabbitTemplate.convertAndSend(
            "test-routing",
            "hello.hi.1",
            "message:这是一条消息！路由匹配成功的都可以接收到");
    System.out.println("消息发送完毕！");
}
```

在以上代码中，使用 RabbitTemplate 类的 convertAndSend()方法发送消息。当参数为 3 个时，中间的参数代表 Routing key，则此条消息的 Routing key 是“hello.hi.1”，按照匹配规则，此条消息将被发送到 test-routing-1 和 test-routing-2 两个队列。运行测试类和消费者代码，输出如下所示。

```
test-routing-1 收到的消息内容为：message:这是一条消息！路由匹配成功的都可以接收到
test-routing-2 收到的消息内容为：message:这是一条消息！路由匹配成功的都可以接收到
```

从以上结果可以看出，路由规则测试成功。

7.4 RabbitMQ 的数据同步

在 7.3 节中讲解了 RabbitMQ 的基本使用，本节针对 RabbitMQ 的数据安全进行讨论，解决 RabbitMQ 的消息丢失问题。

7.4.1 消息丢失

消息在生产者和消费者之间传递时，经常会出现一些网络波动和宕机。一旦出现此问题，正在传送的消息将会丢失。

消息丢失一般发生于以下 3 种情况。

1．生产者发送消息到 RabbitMQ 时消息丢失

当生产者发送消息到 RabbitMQ 时，如果由于网络波动的影响，消息未发送到 RabbitMQ，就会产生消息丢失。

2．RabbitMQ 宕机导致消息丢失

当 RabbitMQ 在消息传输的过程中宕机，则数据将会丢失。

3．RabbitMQ 发送消息到消费者时消息丢失

当 RabbitMQ 发送消息到消费者时，消费者端发生宕机，此时 RabbitMQ 不知道此消息是否投递成功。如果 RabbitMQ 将消息发送后就将消息删除，则会发生消息丢失。

7.4.2 解决消息丢失

为了解决消息丢失问题，RabbitMQ 提出了以下几种方案。

针对生产者发送的消息丢失，采用 ConfirmCallback 机制，当生产者发送消息时，为 RabbitTemplate 设置一个回调函数，此后生产者会监听这个函数；如果函数被 RabbitMQ 调用，则根据 RabbitMQ 传过来的 ACK 值确定消息是否传递成功。

针对 RabbitMQ 宕机的情况，应该开启持久化来避免消息的丢失。

针对消费者的消息丢失，RabbitMQ 开启了消息确认机制，当 RabbitMQ 发送消息到消费者时，如果消息被消费，则消费者需要返回确认信号；当 RabbitMQ 收到确认信号时才会删除消息。此机制称为 ACK 确认机制。

7.4.3 RabbitMQ 数据一致性实战

本小节将用一个示例来演示生产环境中对 RabbitMQ 消息处理的做法。

1．生产者消息传递流程

本示例使用订单中心和运单中心分别作为消息的生产者和消息的消费者，生产者发送消息到服务端的流程如图 7.16 所示。

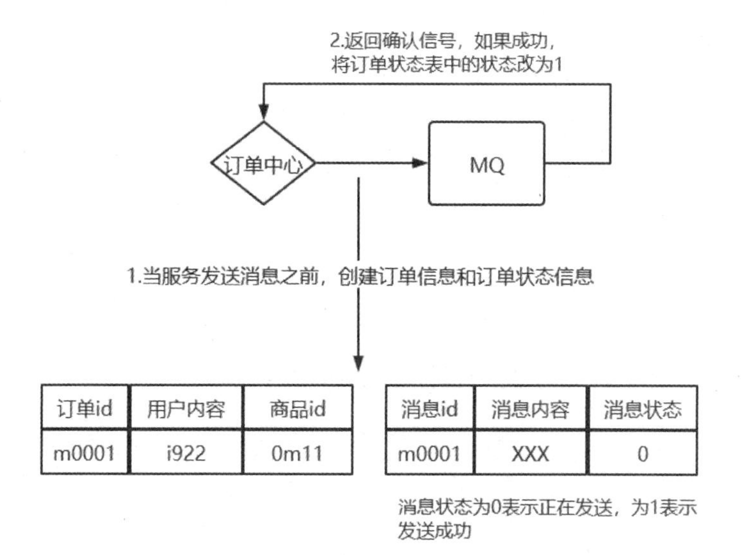

图 7.16 生产者消息运送流程

在图 7.16 中，订单中心作为生产者，模拟用户创建订单。订单中心在发送订单前，先将此订单放入数据库，同时记录订单的状态信息。接下来订单中心将消息发送到 RabbitMQ，开启 ConfirmCallback 机制接收消息中间件 RabbitMQ 的响应信息。当确认信息到来时，判断确认信息，如果成功则更新状态表中的状态为 1，失败则更新状态为 2。

当进行以上操作后，额外编写定时任务，不断检索数据库中消息状态为 2 和消息状态长时间为 0 的消息，重新投递此消息。

2. 消费者消息传递流程

MQ 服务端发送消息到消费者的流程如图 7.17 所示。

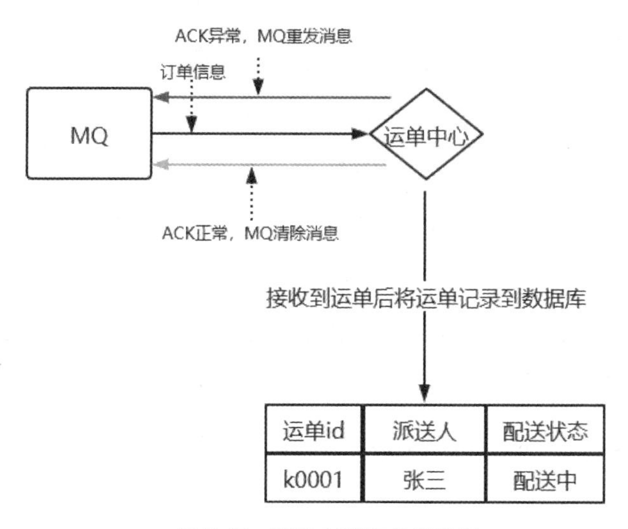

图 7.17 消费者消息传递流程

在图 7.17 中，运单中心作为消费者，消费 RabbitMQ 中的订单信息，当信息处理完毕时

（此处是将运单传递到数据库），把确认 ACK 返回 RabbitMQ。当 RabbitMQ 发现 ACK 正常时将会清除此条消息；当 ACK 不正常时，RabbitMQ 会重新投递此消息。

考虑到消费端可能在消费此次运单后出现宕机，随后返回 ACK 错误，从而导致 RabbitMQ 重新发起第二次订单。开发人员可以把插入数据库和返回 ACK 的行为当成事务处理，也可以通过 Redis 等手段，将消费过的订单存放，当再次消费订单时，对比 Redis 数据库中的 ID，避免重复消费同一 ID 的订单。

3．创建数据库

创建数据库表，订单表 tb_order 的表结构如图 7.18 所示。

名	类型	长度	小数点	不是 null	虚拟	键
orderid	varchar	255	0	☑	☐	🔑1
userid	varchar	255	0	☐	☐	
goodsid	varchar	255	0	☐	☐	
ordertime	datetime	0	0	☐	☐	

图 7.18　tb_order 表结构

在图 7.18 中，orderid 字段代表订单 ID，userid 字段代表用户 ID，goodsid 字段代表货物 ID，ordertime 字段代表订单的创建时间。

订单表 tb_msgstatus 的表结构如图 7.19 所示。

名	类型	长度	小数点	不是 null	虚拟	键
msgid	varchar	255	0	☑	☐	🔑1
msg	varchar	255	0	☐	☐	
status	varchar	255	0	☐	☐	
sendtime	datetime	0	0	☐	☐	

图 7.19　tb_msgstatus 表结构

在图 7.19 中，msgid 字段代表消息 ID，msg 字段代表此条消息的内容，status 字段代表状态，sendtime 字段代表消息的发送时间。

订单表 tb_dispatch 的结构如图 7.20 所示。

名	类型	长度	小数点	不是 null
orderid	varchar	255	0	☑
name	varchar	255	0	☐
status	varchar	255	0	☐

图 7.20　tb_dispatch 表结构

在图 7.20 中，orderid 字段代表派单 ID，name 字段代表派送人员的名称，status 字段代表派单状态。

4．添加 RabbitMQ 依赖

在项目的 pom.xml 中添加 RabbitMQ 相关的依赖，依赖代码如下所示。

```
<dependency>
    <groupId>org.springframework.boot</groupId>
    <artifactId>spring-boot-starter-amqp</artifactId>
</dependency>
```

5. 编写生产者代码

首先创建 OrderService 类，在其中编写发送订单的方法，代码如下所示。

```
/**
 * 创建订单信息
 * @param order 订单信息
 * @throws Exception
 */
public void doOrder(JSONObject order) throws Exception {
    //保存订单信息
    saveOrder(order);

    //发送 MQ 消息，直接发送时不可靠，
    //可能会失败（发送后根据回执修改状态表，定时任务扫表读取失败，数据重新发送）
    sendMsg(order);
}
```

在以上代码中，业务调用此方法时，表示需要新增一条发送到 RabbitMQ 的消息，因此第一步需要保存订单信息，随后再发送消息给 RabbitMQ。创建 saveOrder()方法，代码如下所示。

```
private void saveOrder(JSONObject order) throws Exception {
    String sql="insert into tb_order " +
            "(orderid,userid,goodsid,ordertime) values (? , ? , ? , now())";

    //保存订单信息
    int count=jdbcTemplate.update(
        sql,order.get("orderid"),order.get("userid"),order.get("goodsid")
    );
    if(count !=1){
        throw new Exception("订单创建失败");
    }

    //保存消息发送状态
    saveLocalMsg(order);
}
```

在以上代码中，保存订单信息，并调用 saveLocalMsg()方法保存订单的状态信息，saveLocalMsg()方法代码如下所示。

```
private void saveLocalMsg(JSONObject order) throws Exception {
    String sql="insert into tb_msgstatus " +
            "(msgid,msg,status,sendtime) values (? , ? , 0 , now())";

    //记录消息发送状态
    int count=jdbcTemplate.update(
            sql,order.get("orderid"),order.toJSONString()
    );
    if(count !=1){
        throw new Exception("记录消息发送状态失败");
```

```
    }
}
```

在以上代码中，创建订单的状态信息，并将此订单的状态初始化为 0，表示正在发送。之后创建 sendMsg()方法，发送消息给 RabbitMQ，代码如下所示。

```
private void sendMsg(JSONObject order) throws InterruptedException {
    //发送消息到 MQ，CorrelationData 的作用：当收到消息回执时会带上这个参数
    rabbitTemplate.convertAndSend(
            "orderExchange",
            "",
            order.toJSONString(),
            new CorrelationData((String) order.get("orderid"))
     );
}
```

在以上代码中的 convertAndSend()方法中，首个参数表示交换机名称，第二个参数表示 Routing key，此处交换机的类型是 fanout 类型，因此 Routing key 设置为空，第三个参数表示消息体，第四个参数表示 ConfirmCallback 机制启用后，RabbitMQ 回调时携带的参数。

消息发送成功后，需要设置 RabbitMQ 的确认回调，因此在此类初始化时将回调函数设置完毕，代码如下所示。

```
@PostConstruct
public void setup(){
    //消息发送完成后，则回调此方法，ack 代表此方法是否发送成功
    rabbitTemplate.setConfirmCallback(
            new RabbitTemplate.ConfirmCallback(){

        @Override
        public void confirm(
                CorrelationData correlationData,
                boolean ack,
                String cause
        ) {

            //ack 为 true，代表 MQ 已经准确收到消息
            if(!ack){
                //在此可以设置运单状态为 2
                return;
            }
            try{
                //在成功之后将状态表更改为 1，表示已经派送成功
                //如果在执行此代码之前宕机则长时间内此订单的状态都会为 0
                //之后被定时任务检索，重新投递
                //不过由于消费者已经消费了此订单，因此应该在消费端增加消息幂等性处理
                String sql="update tb_msgstatus set status=1 where msgid=?";
                int count=jdbcTemplate.update(sql,correlationData.getId());
                if(count!=1){
                    log.warn("本地消息表状态修改失败");
                }
                log.info("消息投递成功");
            }catch (Exception e){
                log.warn("本息消息表状态修改异常",e);
```

```
            }
        }
    });
}
```

在以上代码中，调用 RabbitTemplate 的 setConfirmCallback()方法设置回调方法，当 RabbitMQ 确认时，会调用 confirm()方法，传入相应的参数，第一个参数为 correlationData，此参数是生产者传递消息时附带的信息，第二个参数是 ack，如果此参数值为 true，则表示消息投递成功，否则消息投递失败，第三个参数为 cause，此参数为消息触发的原因。

生产者接收到 RabbitMQ 发送过来的回调信息时，先判断 ack 是否为 true，如果不为 true，设置订单状态为 2，表示此消息投递失败；如果 ack 值为 true，则直接更改此订单状态为 1，表示此消息被正常接收。

6. 编写消费者代码

创建 DispatchService 类，在其中编写接收订单的方法，代码如例 7-2 所示。

【例 7-2】MessageCunsumer 消费者代码

```
1.  @RabbitListener(queues="orderQueue")
2.  public void messageCunsumer(
3.          String message,
4.          Channel channel,
5.          @Header(AmqpHeaders.DELIVERY_TAG) long tag)
6.          throws IOException {
7.      try{
8.          //MQ 里面的数据转换成 JSON 数据
9.          JSONObject orderInfo=JSONObject.parseObject(message);
10.         log.warn("收到 MQ 里面的消息: " + orderInfo.toJSONString());
11.
12.         //执行业务操作，同一个数据不能处理两次，根据业务情况进行去重，保证幂等性
13.         String orderid=orderInfo.getString("orderid");
14.         //分配快递员配送
15.         dispatch(orderid);
16.         //ack 通知 MQ 数据已经收到
17.         channel.basicAck(tag,false);
18.     }catch (Exception e){
19.         log.error("消息投递或者数据库操作有误",e);
20.         //异常情况，需要根据需求去重发或者丢弃
21.         //重发一定次数后丢弃，日志告警（rabbitmq 没有设置重发次数功能
22.         //重发时需要代码实现，比如使用 redis 记录重发次数）
23.         channel.basicNack(tag,false,false);
24.         //系统关键数据异常，需要人工干预
25.     }
26.     //如果不给确认回复，就等这个 consumer 断开连接后，MQ 会继续推送
27. }
```

在例 7-2 代码中，使用@RabbitListener 注解监听 orderQueue 队列，当 RabbitMQ 传送消息时，调用此方法。此方法中第一个参数为传递的消息，第二个参数为 RabbitMQ 连接此队列时的 Channel，第三个参数为此 Channel 的 Delivery-Tag，当 RabbitMQ 连接队列时，伴随着建立的 Channel，每次发送消息时都将附带一个 Delivery-Tag，此标志是一个单调递增的整

数，通常用来表示此次传输。

正常情况下，在接收到参数以后，解析其中的消息，将此条传输消息放入数据库中，随后手动调用 Channel 的 basicAck()方法确认消息。basicAck()方法的第一个参数代表此次传输的 ID，第二个参数表示是否将比此 Delivery-Tag 小的所有消息都确认，此处一般选择 false。

异常情况下，程序将会走到 catch 代码块，在此代码块中进行消息处理。消息投递失败后，调用 Channel 的 basicNack()方法，此方法中第一个参数为 tag，代指此次传输；第二个参数如果为 true，表示将此消费者之前未 ack 的消息全部拒绝，为 false 则表示只拒绝此消息；第三个参数如果为 true 则表示将此消息放入 RabbitMQ 的头部分，重新让 RabbitMQ 投递此消息，如果此参数为 false 则丢弃此消息或者将此消息发送到其他交换机中。

7.5 本章小结

本章主要讲解消息中间件 RabbitMQ 的使用。在本章中，首先讲解了常用的消息中间件，了解这些中间件之间的区别，随后讲解了 RabbitMQ 的简单使用，最后讲解了 RabbitMQ 的数据一致性解决方案。读者需要熟练掌握 RabbitMQ 的使用，了解 RabbitMQ 消息一致性的解决方案。

7.6 习题

1．填空题

（1）消息中间件的作用主要是________和________。

（2）RabbitMQ 的核心概念有________、________、________和________。

2．选择题

（1）关于消息队列的优缺点，下列叙述错误的是（　　）。

A．RocketMQ 单机吞吐量高，可用性高，消息可以做到 0 丢失

B．RabbitMQ 对消息堆积的处理能力不如 RocketMQ

C．Kafka 适合作为大数据的消息处理中间件

D．RocketMQ 使用 Java 语言构建，可扩展性强

（2）关于 RabbitMQ 的使用，下列描述错误的是（　　）。

A．@RabbitListener 注解可以监听一个队列，当此队列有消息时，将队列中的消息取出

B．fanout 类型是广播类型，在此种类型下，消息只能被消费一次

C．使用 rabbitTemplate 可以向 RabbitMQ 发送消息

D．采用 ConfirmCallback 机制可以保证消息在生产者到 RabbitMQ 之间的传递可靠性

3．思考题

（1）简述 RabbitMQ 的使用。

（2）简述 RabbitMQ 的消息可靠性与数据一致性。

第8章 Spring Boot的指标监控

本章学习目标

- 了解 Spring Boot 指标监控服务。
- 了解常用的 Actuator 端点。
- 掌握定制化 Actuator 端点。
- 掌握可视化监控面板的相关配置。

当 Spring Boot 项目运行时，运维人员需要时刻监控项目运行的状况。为此，Spring Boot 提供了 Actuator 来帮助开发者获取应用程序的实时运行数据。通过 Actuator，开发人员可以获取应用程序的健康状况、应用信息和内存使用情况等。本章将带领读者学习 Actuator 的使用。

8.1 Spring Boot Actuator

Spring Boot Actuator 是一个采集应用内部信息暴露给外部的模块。当暴露成功以后，开发人员可以通过 HTTP 或者 JMX 方式获取这些信息。

8.1.1 Actuator 端点

首先引入 Actuator 依赖，代码如下所示。

```
<dependency>
    <groupId>org.springframework.boot</groupId>
    <artifactId>spring-boot-starter-actuator</artifactId>
</dependency>
```

引入依赖后，启动项目，访问以下地址。

```
http://localhost:8080/actuator
```

输入以上地址后，访问 Actuator 首页，如图 8.1 所示。

在图 8.1 中，展示了 self、health、health-path 和 info 的有关信息，这些主节点称为端点（endpoint），开发人员可以通过端点获取相关信息。除了图 8.1 中的端点外，Spring Boot 还包含许多端点，这些端点如表 8.1 所示。

图 8.1 Actuator 首页

表 8.1 Spring Boot 端点

端点	作用	是否开启
auditeventsbeans	展示当前应用程序的审计事件信息	True
beans	展示所有 Spring Bean 的信息	True
conditions	展示自动配置类的使用报告	True
configprops	展示所有@ConfigurationProperties 列表	True
env	展示系统运行环境信息	True
flyway	展示书籍迁移路径	True
health	展示应用程序的健康信息	True
httptrace	展示 trace 信息（默认为最新的 100 条 HTTP 请求）	True
info	展示应用的定制信息	True
loggers	展示并修改日志的相关配置	True
liquibase	展示任何 Liquibase 数据库迁移路径	True
metric	展示应用程序度量信息	True
mappings	展示所有@RequestMapping 路径的集合列表	True
scheduledtasks	展示应用的所有定时任务	True
shutdown	远程关闭应用接口	False
sessions	展示并操作 Spring Session 会话	True
threaddump	展示线程活动的快照	True

在表 8.1 的所有端点中，除控制远程连接的 shutdown 端点默认关闭外，其他所有的端点默认开启。在此读者需要掌握几个常用端点的检索，这些端点分别是 beans 端点、health 端点和 info 端点。

当需要查询相关端点时，可以使用“http://localhost:8080/actuator/端点名”的方式访问端点信息，在此举例访问 health 端点，在地址栏中输入 http://localhost:8080/actuator/health，结果如图 8.2 所示。

图 8.2 health 端点信息

在图 8.2 中，访问 health 端点，显示 status 状态为 up，表示系统在正常运行中。

在此读者需要注意的是，并不是 Actuator 开放的所有端点都可以访问，例如 beans 端点，在默认情况下访问 beans 端点将会被拒绝，这是因为 Actuator 设置了另一个暴露机制来控制端点的访问，只有端点被开启且暴露后才可以被访问。目前访问端点的方式有两种：一种是 JMX；另一种是 HTTP。默认情况的两种访问方式下端点的暴露情况如表 8.2 所示。

表 8.2 端点的暴露情况

端点	JMX（是否暴露）	HTTP（是否暴露）
auditevents	暴露	暴露
beans	暴露	不暴露
conditions	暴露	不暴露
configprops	暴露	不暴露
env	暴露	不暴露
flyway	暴露	不暴露
health	暴露	暴露
httptrace	暴露	不暴露
info	暴露	暴露
loggers	暴露	不暴露
liquibase	暴露	不暴露
metric	暴露	不暴露
mappings	暴露	不暴露
scheduledtasks	暴露	不暴露
shutdown	暴露	不暴露
sessions	暴露	不暴露
threaddump	暴露	不暴露

从表 8.2 中可以看出，JMX 方式访问时端点全部暴露，HTTP 方式访问时只有 health 和 info 端点被暴露，其余的都不对外暴露。HTTP 代表方式为浏览器访问，JMX 代表方式为 jconsole 控制台访问，因为 JMX 访问方式不常用，所以想要访问对应端点的信息，就需要配置相关端点的访问范围。

8.1.2 Actuator 相关配置

1. 启用端点的相关配置

在默认情况下，除 shutdown 端点之外的所有端点全部启用，如果想要全部禁用端点，则在配置文件中添加如下代码。

```
management:
  endpoints:
    enabled-by-default: false
```

有关 Actuator 的所有配置都包含在 management 的配置之下。从以上代码可以看出，控制全局的端点情况均以“endpoints”开头，之后使用 enabled-by-default 来禁用所有的端点。

当需要启用某个端点时，可以在每个端点的信息下进行配置，以 beans 端点为例，编写如下代码。

```
management:
  endpoints:
    enabled-by-default: false
  endpoint:
    beans:
      enabled: true
```

在以上代码中，以“endpoint”开头，单独配置每个端点的相应信息。此处对 beans 端点进行单独设置，配置项为 enabled:true，表示启用 beans 端点。

2. 暴露端点的相关配置

在默认情况下，端点除 health 和 info 之外全部不暴露，即通过 Web 访问时，只能访问到 health 和 info 端点的信息。下面设置暴露所有端点，代码如下所示。

```
management:
  endpoints:
    enabled-by-default: false
    web:
      exposure:
        include: '*'
  endpoint:
    beans:
      enabled: true
```

全局配置在配置文件中的 management.endpoints 标签下，因此，在以上代码中 endpoints 标签下配置与 Web 相关信息，exposure 表示暴露端点，include 表示指定哪些端点，当 include 填写为*时表示所有端点。当需要特指某个端点时，可以填写一个 String 类型的 Set 集合，将端点名称放入其中即可指定。

在以上代码中，先将所有的端点禁用，随后暴露所有端点，这也就意味着，当某个端点单独配置启用时，使用 Web 方式就可以访问到此端点。重启 Web 应用，测试访问 beans 端点，访问结果如图 8.3 所示。

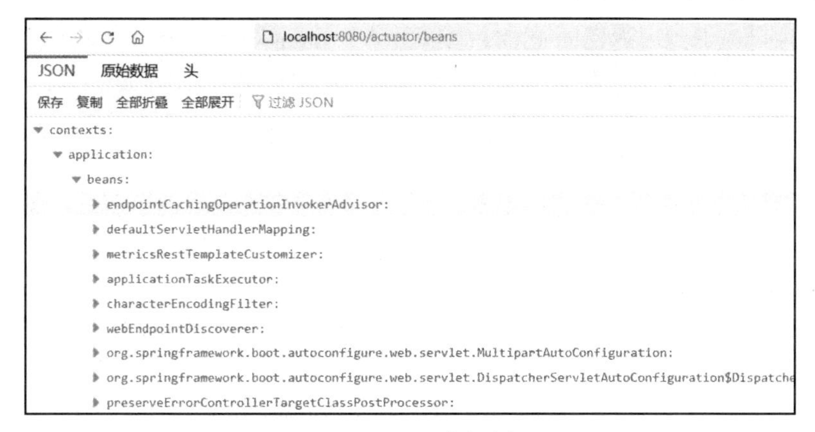

图 8.3　beans 端点访问

从图 8.3 中可以看到，beans 端点访问成功，显示的是 Spring 容器中所有的 Bean 对象。此后当需要某个端点的信息时，可以单独启用某个端点。

8.2　Actuator 的常用端点

Actuator 的常用端点有 health、metrics 和 loggers，本节将带领读者讲解这些端点。

8.2.1　health 端点

在 YML 文件中开放常用的端点，代码如下所示。

```
management:
  endpoints:
    enabled-by-default: false
    web:
      exposure:
        include: '*'
  endpoint:
    health:
      enabled: true
    metrics:
      enabled: true
    loggers:
      enabled: true
```

在以上代码中，将所有的端点禁用并暴露，然后开启 health、metrics 和 loggers 端点。接下来详细 health 端点。

health 端点主要提供健康检查，当系统出现错误时将会实时改变状态信息。正常启动容器，在浏览器中输入 http://localhost:8080/actuator/health，结果如图 8.4 所示。

图 8.4　health 端点健康检查

在图 8.4 中可以看到，返回的 JSON 中包含一个 status 参数，参数值是 UP，表示系统正常运行。此外，在配置文件中配置 health 端点的 show-details 属性为 always，可以返回额外的详细信息，代码如下所示。

```
management:
  endpoint:
    health:
      enabled: true
      show-details: always
```

在以上代码中开启 show-detail 属性，启动 Spring 容器，访问 health 页面，结果如图 8.5 所示。

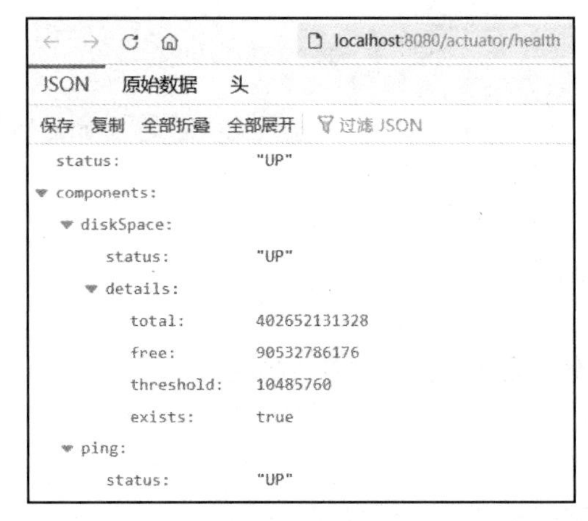

图 8.5　health 端点激活详细信息

从图 8.5 中可以看出，开启详细信息后会额外附加一个 components（组件集）。在此组件集中，可以显示已经启用的项目，因为在此项目中没有任何可展示的组件，所以只展示主机的空间信息。向项目中添加数据库组件，首先添加依赖，然后添加数据库连接信息，代码如下所示。

```
    <dependency>
        <groupId>mysql</groupId>
        <artifactId>mysql-connector-java</artifactId>
    </dependency>
    <dependency>
        <groupId>org.springframework.boot</groupId>
        <artifactId>spring-boot-starter-jdbc</artifactId>
    </dependency>
------------------------------
spring:
  datasource:
    driver-class-name: com.mysql.cj.jdbc.Driver
    username: root
    password: root
    url: jdbc:mysql://127.0.0.1:3306/student?
      useSSL=false&serverTimezone=UTC&allowPublicKeyRetrieval=true
      &rewriteBatchedStatements=true
```

添加以上配置后，重启服务，访问 health 端点，结果如图 8.6 所示。

在图 8.6 中，components 下新增了一个 db 组件，此组件代表的是数据库连接，此 db 下的 status 为 UP，表示此数据库连接正常。下面当数据库配置的密码出现配置错误时，观察 db 下的 status，如图 8.7 所示。

图 8.6　数据库组件的详细信息

图 8.7　数据库异常时的信息

从图 8.7 中可以看出，当数据库连接失败时，db 下的 status 为 DOWN，表示此数据库连接失败。当 components 下任意一个组件发生错误，则主服务的 status 变为 DOWN，表示此服务不可用。

除了 db 之外，health 还有其他的组件监控，这些组件监控被称为健康指示器（HealthIndicator）。Spring Boot 中常用的健康指示器如下所示。

- CassandraHealthIndicator：检查 Cassandra 数据库状况。
- DiskSpaceHealthIndicator：检查磁盘空间是否不足。
- DataSourceHealthIndicator：检查是否可以从 DataSource 获取一个 Connection。
- ElasticsearchHealthIndicator：检查 Elasticsearch 集群状况。
- InfluxDbHealthIndicator：检查 InfluxDB 服务器状况。
- JmsHealthIndicator：检查 JMS 消息代理状况。
- MailHealthIndicator：检查邮件服务器状况。
- MongoHealthIndicator：检查 Mongo 数据库状况。
- Neo4jHealthIndicator：检查 Neo4j 服务器状况。
- RabbitHealthIndicator：检查 Rabbit 服务器状况。
- RedisHealthIndicator：检查 Redis 服务器状况。
- SolrHealthIndicator：检查 Solr 服务器状况。

当引入某个依赖时，组件就会被激活，从而将信息显示在 health 端点的 components 下，方便开发人员监控。当需要人工监控某些端点时，开发人员就要自行构造指示器，这部分内容将放到 8.3 节讲解。

8.2.2　metrics 端点

metrics 端点是非常重要的端点，它包含系统中所有的重要度量指标，例如内存信息、线程信息和垃圾回收信息等，开发人员可以通过这些信息对程序进行调试，并进行相关的预警设置。

访问 metrics 端点，结果如图 8.8 所示。

在图 8.8 中展示了部分信息的名称，每个字符串都代表着相应的指标，例如 jvm.buffer.conut 代表着当前缓冲区的总数，jvm.buffer.memory.used 代表着 JVM 的已用内存。在地址栏中，将此页面中相应的 names 值放入地址栏中即可查询出相应的详细信息，例如访问 http://localhost:8080/actuator/metrics/jvm.buffer.memory.used，结果如图 8.9 所示。

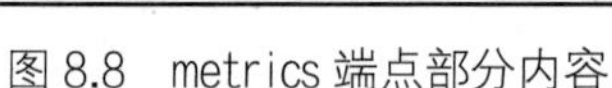
图 8.8 metrics 端点部分内容

图 8.9 JVM 已使用内存查看

从图 8.9 中可以看出，内存已经使用了 105098920 字节。相应的信息还有很多，在此不一一展示。此内容不需要记忆，在 8.4 节集成可视化面板后，这些数据都将以可视化的形式展示在面板上，方便开发人员监控。

8.2.3 loggers 端点

loggers 端点负责监控和操作各个包下的日志级别，在浏览器中输入 http://localhost:8080/actuator/loggers，结果如图 8.10 所示。

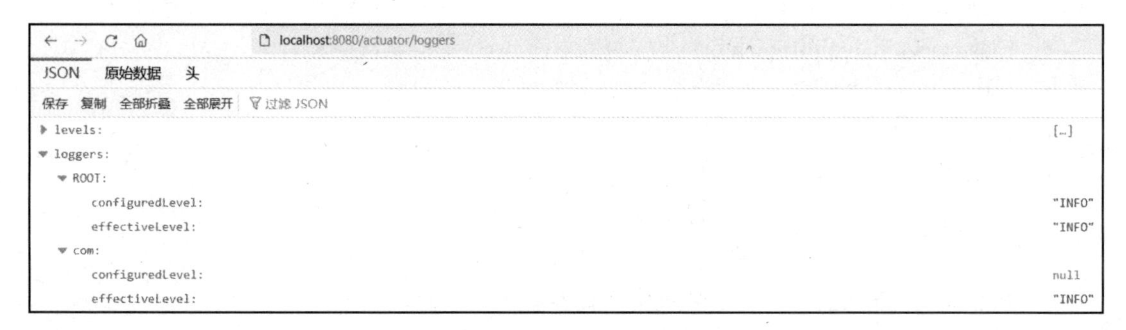

图 8.10 loggers 端点输出结果

loggers 页面负责展示每个目录下的日志输出级别，图 8.10 中给出了 ROOT 和 com 节点下的日志输出隔离级别，其中 configuredLevel 表示配置时的日志输出隔离级别，effectiveLevel 表示生效的日志输出隔离级别。通过 Actuator 可以直接改变某个目录的隔离级别，接下来举例更改 com 目录下的隔离级别。

使用请求发送工具发送 POST 请求，在此使用 Postman 作为示例，发送请求到 localhost:8080/actuator/loggers/{name}，同时附带如下信息。

```
{
    "configuredLevel":"DEBUG"
}
```

以上代码表示将 name 中的隔离级别改为 DEBUG，将 name 改为 com，发送请求后的结果如图 8.11 所示。

localhost:8080/actuator/loggers/com

POST　localhost:8080/actuator/loggers/com

Params　Authorization　Headers (10)　Body　Pre-request Script　Tests　Settings

none　form-data　x-www-form-urlencoded　raw　binary　GraphQL　JSON

```
1 {
2     "configuredLevel":"DEBUG"
3 }
```

Body　Cookies　Headers (3)　Test Results　　Status: 204 No Content

Pretty　Raw　Preview　Visualize　Text

1

图 8.11　更改 com 的日志隔离级别为 DEBUG

从图 8.11 中可以看出，返回值为 1，表示 com 包的日志隔离级别更改成功。访问 loggers 端点，查看 com 的日志隔离级别，如图 8.12 所示。

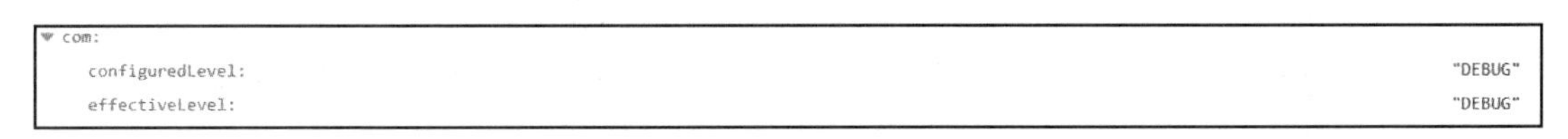
com:
configuredLevel:
"DEBUG"
effectiveLevel:
"DEBUG"

图 8.12　查看 com 的日志隔离级别

从图 8.12 中可以看出，com 的日志隔离级别更改成功。

8.3　定制化 Actuator

当需要监控某个特定的事件时，开发人员就要自行定制监控代码。本节讲解 Actuator 的定制化。

8.3.1　定制 health 信息

当需要自定义健康信息时，可以实现 HealthIndicator 接口或者继承 AbstractHealthIndicator 类。创建 TestController，使其继承 AbstractHealthIndicator 类，覆盖 doHealthCheck()方法，代码如下所示。

```
@RestController
public class TestController extends AbstractHealthIndicator {
    Integer index=0;
    @RequestMapping("/test")
    public String test(){
        index=1;
        return "ok";
    }
    @Override
    protected void doHealthCheck(Health.Builder builder) {
        if(index==1){
            builder.down();
```

```
        }else {
            builder.up();
        }
    }
}
```

在以上代码中，编写业务逻辑，创建变量 index 并将其初始化为 0，并设置 test 控制器用来改变 index 变量的值。在 doHealthCheck()方法中判断业务逻辑，当 index 为 1 时，调用 Builder 类的 down()方法将此端点标记为宕机，否则调用 Builder 类的 up()方法将此端点标记为正常。启动应用，访问 health 端点，结果如图 8.13 所示。

在图 8.13 中，testController 就是自定义的 health 指示器，此指示器的状态为 UP。当任意一个指示器为 DOWN 时，整个服务的 status 将会变为 DOWN。

访问控制器 test，将 index 的值变为 1，再次访问 health 端点，结果如图 8.14 所示。

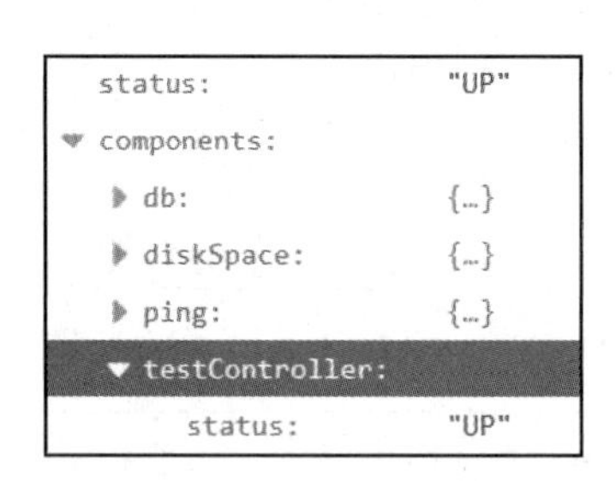

图 8.13　自定义 health 健康检查正常

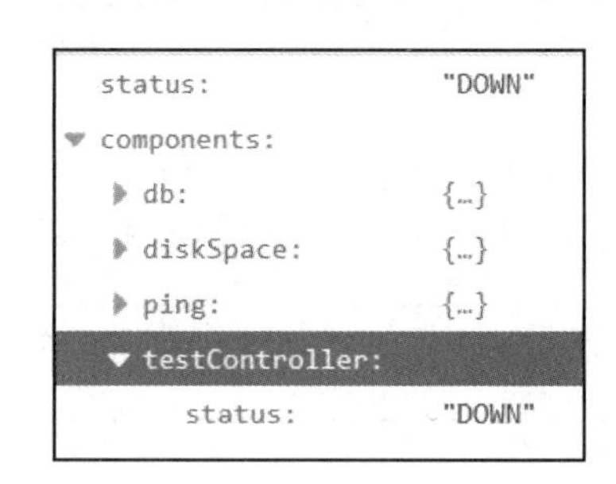

图 8.14　自定义 health 健康检查异常

从图 8.14 中可以看出，当 index 变为 0 时，自定义指示器的状态变为了 DOWN，自定义健康检查测试完毕。此外，在自定义状态时还可以附加详细信息，修改 doHealthCheck()方法的代码，修改后如下所示。

```
@Override
protected void doHealthCheck(Health.Builder builder) {
    if(index==1){
        builder.down();
        //为此指示器附加单个信息
        builder.withDetail("index1",false);
    }else {
        builder.up();
        //为此指示器附加信息集合
        HashMap index2=new HashMap<String,Object>();
        index2.put("index2", true);
        builder.withDetails(index2);
    }
}
```

Builder 对象的 withDetail()方法与 withDetails()方法可以附加详细信息，withDetail()方法可以为指示器附加单个信息，而 withDetails()方法可以为指示器附加多种信息，此信息需要封装为 Map 集合。在以上代码中，分别附加了 index1 和 index2 的详细信息，访问自定义的 testController 指示器，结果如图 8.15 所示。

在图 8.15 中显示了 index2 的详细信息，访问 test 控制器，将 index 改为 1，在此访问 health 端点，结果如图 8.16 所示。

testController:
status: "UP"
details:
index2: true

图 8.15　指示器附加信息

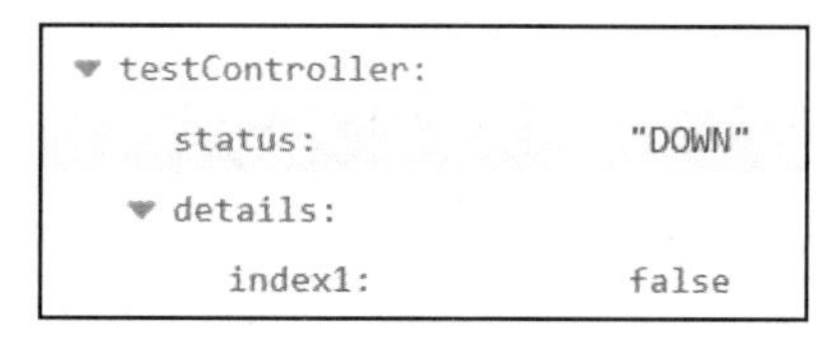

图 8.16　附加详细信息的更改

在图 8.16 中，index2 的信息被替换为 index1，附加信息更改完毕。

8.3.2　定制 info 信息

info 端点是展示信息的端点，默认情况下不显示任何信息。当需要自定义 info 信息时，开发人员可以直接在 YAML 配置文件中配置 info 的相关信息，也可以通过配置类的方式返回动态数据。

1. 配置文件自定义静态 info 信息

在配置类的根节点下添加以下代码。

```
info:
  appName: boot-admin
  appVersion: 1.0.0
```

在 YAML 文件中配置完成后，访问 http://localhost:8080/actuator/info，结果如图 8.17 所示。

图 8.17　info 页面

在图 8.17 中可以看出，appName 与 AppVersion 都是在配置文件中配置的信息。

2. 配置类自定义动态 info 信息

创建 TestInfo 配置类，使其实现 InfoContributor 接口，代码如下所示。

```
@Component
public class TestInfo implements InfoContributor {
    @Override
    public void contribute(Info.Builder builder) {
        HashMap<String, Object> hashMap=new HashMap<>();
        hashMap.put("appInfo","testActuatorInfo");
        hashMap.put("appAddress","beijing");
        builder.withDetails(hashMap);
    }
}
```

在以上代码中，通过 builder 的 withDetails()或 withDetail()方法为 info 端点添加详细信息。访问 info 端点，结果如图 8.18 所示。

图 8.18 配置类方式添加 info 信息

从图 8.18 中可以看出，配置类新增的 info 信息生效。

8.3.3 定制 metrics 信息

自定义 metrics 的步骤较为简单，编写 TestController 类，代码如下所示。

```
@RestController
public class TestController{
    Counter counter;
    public TestController(MeterRegistry meterRegistry) {
        counter=meterRegistry.counter("testController.test.count");
    }
    @RequestMapping("/test")
    public String test() {
        counter.increment();
        return "ok";
    }
}
```

以上代码中，在 TestController 的构造方法中调用 MeterRegistry 类的 counter()方法，将自定义名称作为参数传入 counter()方法，随后此方法返回一个 Counter 计数类。在 test()方法中调用 Counter 计数类的 increment()方法来记录 Test()方法的执行次数。

启动应用，访问 metrics 端点，页面如图 8.19 所示。

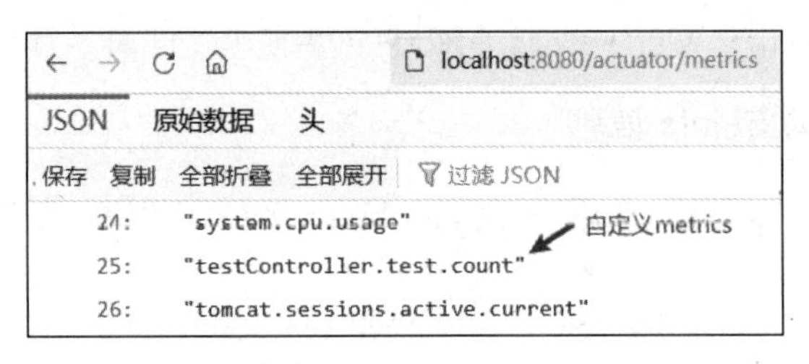

图 8.19 自定义 metrics

从图 8.19 中可以看出，自定义的信息已经生效，将 testController.test.count 添加到地址栏后，访问此节点的详细信息，结果如图 8.20 所示。

从图 8.20 中可以看出，访问次数 COUNT 为 0，访问 test 控制器后再次查看 COUNT 值，结果如图 8.21 所示。

从图 8.21 中可以看出，访问数变为 1，测试成功。此处为了方便理解，直接将代码写入了被调用方法中，此种方式对业务的入侵性较高，开发人员在实战中经常使用 AOP 来编写计数监控功能。

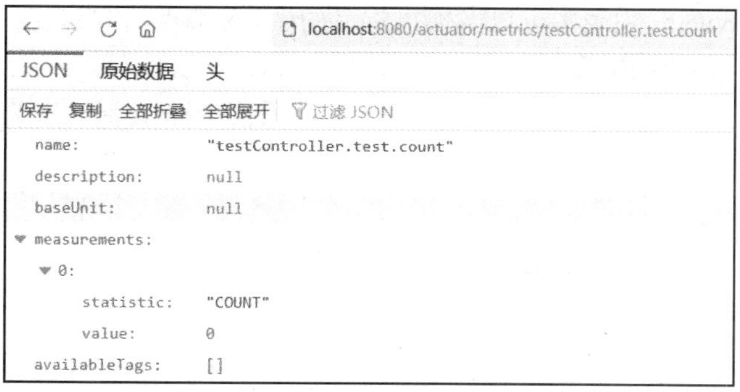

localhost:8080/actuator/metrics/testController.test.count
JSON 原始数据 头
保存 复制 全部折叠 全部展开 过滤 JSON
name: "testController.test.count"
description: null
baseUnit: null
measurements:
0:
statistic: "COUNT"
value: 0
availableTags: []

图 8.20 自定义 test 执行次数的详细信息

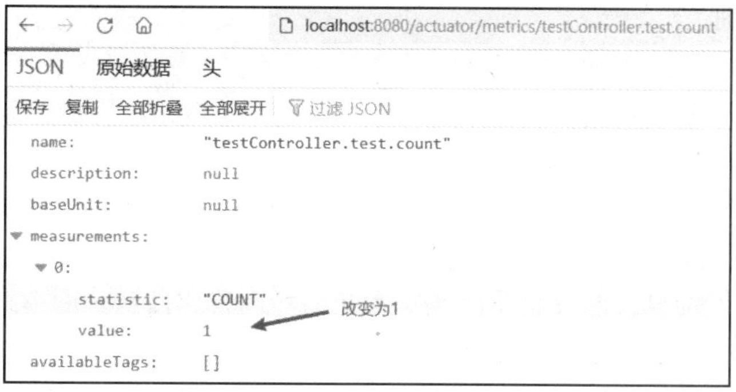

localhost:8080/actuator/metrics/testController.test.count
JSON 原始数据 头
保存 复制 全部折叠 全部展开 过滤 JSON
name: "testController.test.count"
description: null
baseUnit: null
measurements:
0:
statistic: "COUNT"
value: 1
改变为1
availableTags: []

图 8.21 测试 count 计数

8.3.4 定制端点

编写 TestEndPoint 类，代码如下所示。

```
@Component
@Endpoint(id="count")
public class TestEndPoint {
    @ReadOperation
    public Map getInfo(){
        return Collections.singletonMap("test","value");
    }
}
```

在以上代码中，使用@Endpoint 注解标注一个端点，并在其中设置此端点的名称为 count，随后在此类中添加一个被@ReadOperation 注解标注的方法，此方法的返回值将会被解析为 JSON 字符串，显示在自定义 count 端点的详细信息中。

配置完成后，启动应用，访问 http://localhost:8080/actuator，结果如图 8.22 所示。

localhost:8080/actuator
JSON 原始数据 头
保存 复制 全部折叠 全部展开 过滤 JSON
count:
href: "http://localhost:8080/actuator/count"
templated: false

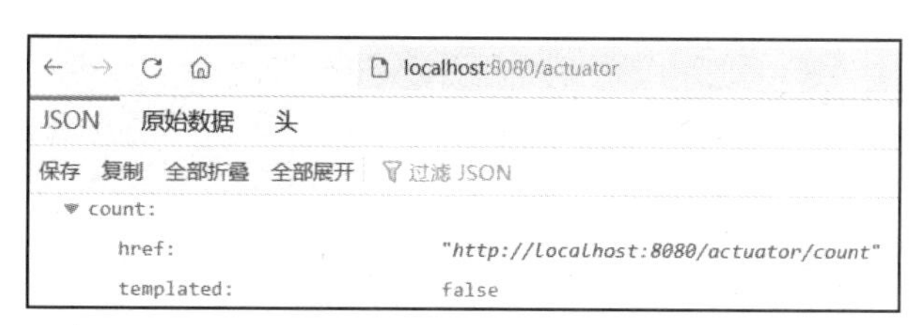

图 8.22 自定义端点

在图 8.22 的 Actuator 列表中可以发现自定义的 count 端点，访问此端点的 href，查看 count 详细信息，结果如图 8.23 所示。

图 8.23　count 详细信息

从图 8.23 中可以发现，详细信息是 TestEndPoint 类中 getInfo()方法返回的 Map 集合。因此，当需要监控某个信息时，通过 getInfo()方法可以将信息以 Map 集合的形式返回，随后在 Actuator 中查看详细信息。

8.4　可视化监控信息面板

直接调用接口来监控应用的参数显然有些不便利，因此，本节讲解可视化的监控面板。这些面板通过 Actuator 的接口来显示所有的数据信息。

创建一个全新的项目，此项目将作为可视化监控的程序运行。向该项目中引入 admin 可视化的相关依赖，依赖代码如下所示。

```
<dependency>
    <groupId>de.codecentric</groupId>
    <artifactId>spring-boot-admin-starter-server</artifactId>
    <version>2.3.1</version>
</dependency>
<dependency>
    <groupId>org.springframework.boot</groupId>
    <artifactId>spring-boot-starter-web</artifactId>
</dependency>
```

引入以上依赖后，将启动端口设置为 8081，随后配置被监控的应用。

在被监控项目中引入客户端依赖，依赖代码如下所示。

```
<dependency>
    <groupId>de.codecentric</groupId>
    <artifactId>spring-boot-admin-starter-client</artifactId>
    <version>2.3.1</version>
</dependency>
```

引入以上客户端依赖后，将此应用注册到 admin 可视化面板中，在配置文件中添加以下代码。

```
spring:
  application:
    name: testActuator
  boot:
    admin:
      client:
        url: http://localhost:8081
        instance:
          prefer-ip: true
```

在以上代码中，配置应用的名称与 admin 监控面板的地址，设置 IP 为应用的识别标识。启动 admin 监控项目和被注册项目，访问 http://localhost:8081，结果如图 8.24 所示。

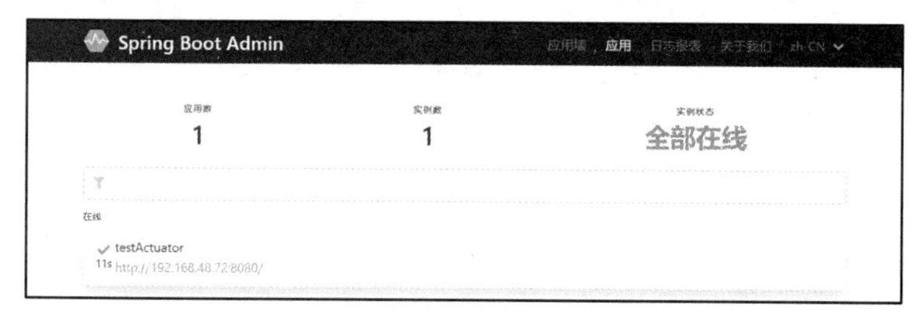

图 8.24　admin 监控面板

在图 8.24 中，admin 监控面板中有一个 testActuator 示例，此示例即被注册的实例。单击此实例即可进入控制面板，控制面板如图 8.25 所示。

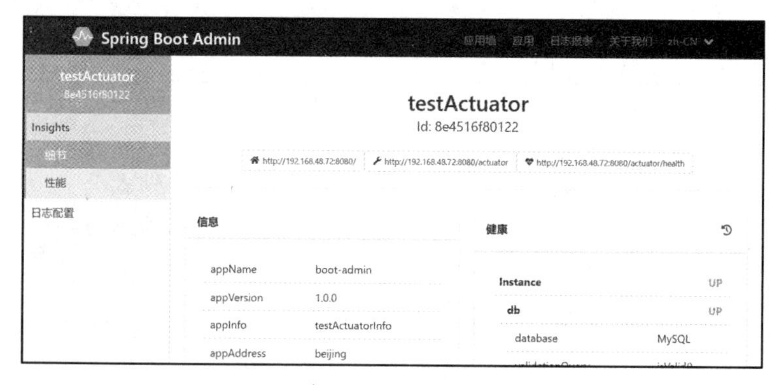

图 8.25　admin 控制面板

在图 8.25 的控制面板中可以进行监控，被监控项目只启用了 info、health、metrics 和 loggers 端点，因此控制面板只显示这些端点的详细信息。当需要其他监控时，可以直接启用相应的端点。

单击 admin 控制面板的“细节”选项，跳转到细节监控面板，如图 8.26 所示。

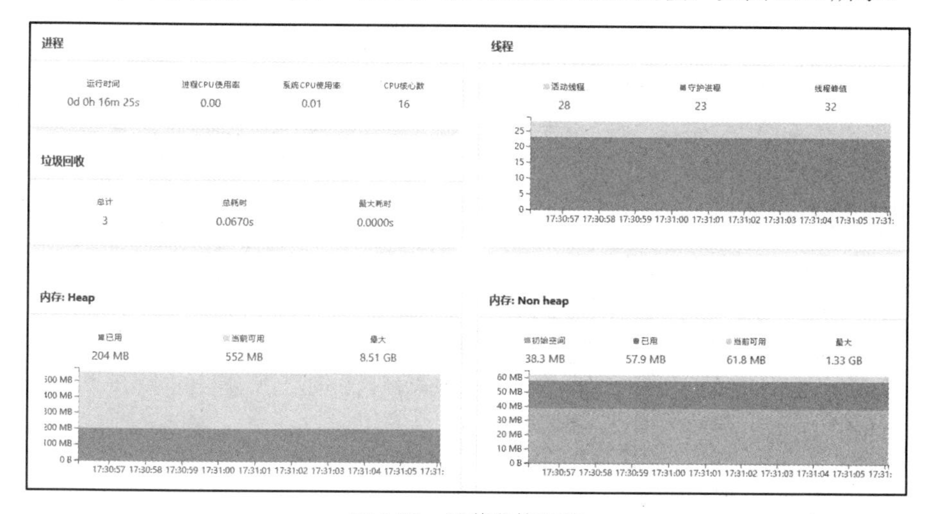

图 8.26　细节监控面板

在图 8.26 中，可以实时查看应用的进程、线程、垃圾回收和内存的详细情况。单击 admin 控制面板的“性能”选项，具体如图 8.27 所示。

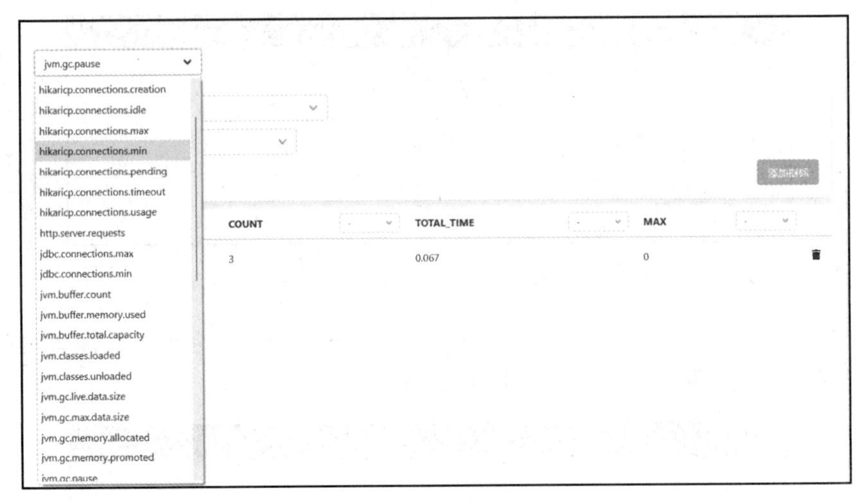

图 8.27　metrics 端点信息查看

在图 8.27 中查看 metrics 端点的所有信息，在左上角的下拉列表框中可以查看各个参数的详细信息，感兴趣的读者可以配合官网的参数解释来查看这些信息。

单击 admin 控制面板的“日志配置”选项，具体如图 8.28 所示。

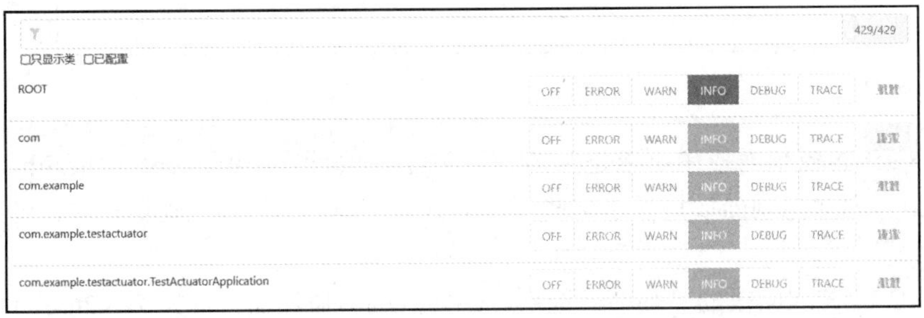

图 8.28　日志控制与查看

在图 8.28 中可以显示每个包的日志隔离级别，在日志配置面板的右侧单击相应按钮可以修改对应包下的日志隔离级别。此功能在线上非常实用，读者需要熟练掌握。

8.5　邮件监控报警

系统在集成可视化监控以后，开发人员将会很方便地进行监控，但是当系统宕机时，开发人员不能及时地得到宕机通知。对此，Actuator 提供了邮件报警机制，配置方式如下。

向 admin 可视化监控面板中添加邮件依赖，依赖代码如下所示。

```
<dependency>
    <groupId>org.springframework.boot</groupId>
    <artifactId>spring-boot-starter-mail</artifactId>
</dependency>
```

添加依赖过后，对 Admin 监控项目添加以下配置。

```
spring:
  mail:
    host: smtp.qq.com
    username: xxx@qq.com
    password: xxx
    default-encoding: utf-8
  boot:
    admin:
      notify:
        mail:
          to: xxx@qq.com
          from: xxx@qq.com
          ignore-changes:
          - 'UNKNOWN:UP'
          - 'UNKNOWN:OFFLINE'
          - 'OFFLINE:UP'
```

在以上的配置中，完善邮件的相关配置，详细的邮件配置可参考 4.7 节。在 admin 监控配置中编写服务状态变化时发送与接收的邮件地址，ignore-changes 代表忽略状态的扭转，不发送邮件，在此的配置表示忽略未知状态到上下线的通知和服务器从下线到上线的通知。

配置完成后启动 admin 监控应用和被监控应用，随后将被监控应用下线，指定接收的邮件地址将会收到离线邮件，如图 8.29 所示。

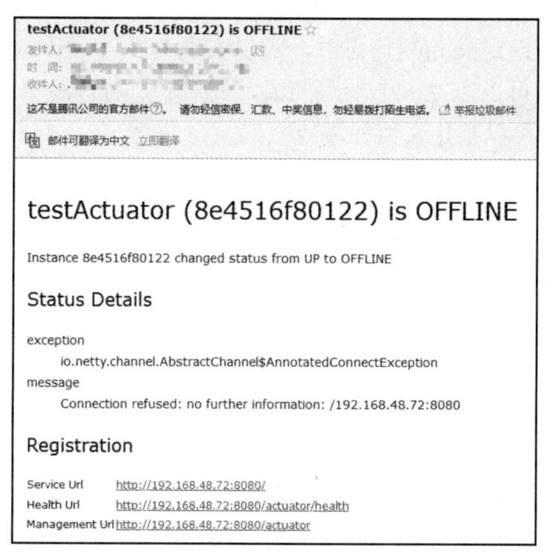

图 8.29 服务离线邮件报警

从图 8.29 中可以看出，账号成功接收到报警邮件。

8.6 本章小结

本章首先讲解了 Actuator 端点的配置，以及如何配置启用某个端点，随后展示了 Actuator 的常用端点，然后介绍了定制化 Actuator 监控系统和可视化监控信息面板，最后带领读者完成邮件的报警配置。读者需要了解 Actuator 相关的配置，掌握可视化信息面板的使用。

8.7 习题

1. 填空题

（1）负责查看系统健康信息的指标监控端点是________。

（2）访问 Actuator 端点的方式一般有________和________两种方式。

（3）Actuator 端点必须要________且________时才可以被访问。

2. 选择题

（1）在 Spring Boot 指标监控中，下列说法错误的是（　　）。

A．health 端点负责健康监控

B．metrics 端点负责监控系统中所有的重要度量指标

C．在日常开发中经常使用 JMX 方式访问指标监控的端点

D．loggers 端点负责监控和操作各个包下的日志级别

（2）关于定制化 Actuator 的方法，下列描述错误的是（　　）。

A．当需要自定义健康信息时，可以实现 HealthIndicator 接口或者继承 AbstractHealth Indicator 类

B．当需要实现动态自定义 info 信息时，可以实现 InfoContributor 接口

C．MeterRegistry 类可以监控一个端点的值，并对其进行改变

D．@Endpoint 注解可以自定义监控端点

3. 思考题

简述访问指标监控端口的方式。

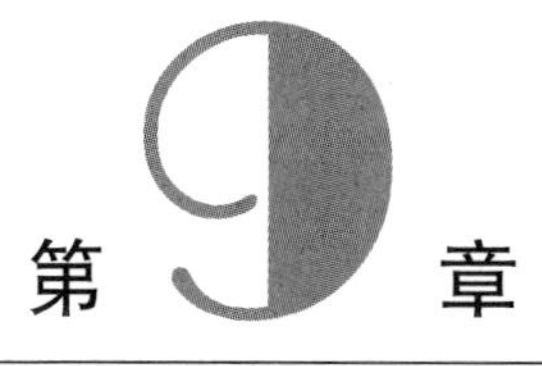

第9章 智慧工地监控大数据平台

本章学习目标

- 了解项目的功能结构和功能体现。
- 熟悉 E-R 图和数据表的设计。
- 掌握后端项目环境的搭建。
- 熟悉前端项目环境的搭建。
- 掌握配置后端代码自动生成的方法。
- 掌握项目中各功能模块的前后端实现。
- 掌握项目的前后端代码的打包与部署。

本章详细讲解了智慧工地监控大数据平台的开发流程。整个项目的开发流程包括功能架构、前后端分离项目架构、登录模块架构、动态加载用户菜单、头像上传功能。除此之外，此项目对前面所学的知识进行概括，其中包括 Spring Boot 框架的使用、文件上传、安全框架和跨域处理等。接下来，本章将带领读者了解整个项目的开发流程。

9.1 智慧工地监控大数据平台功能概述

9.1.1 分类功能结构

智慧工地监控大数据平台的主体功能概述如图 9.1 所示。

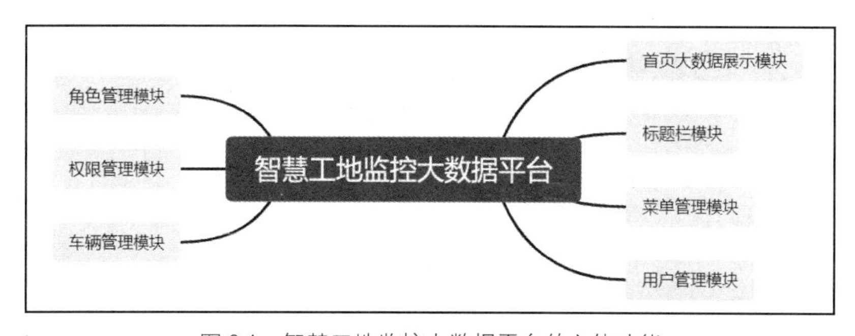

图 9.1 智慧工地监控大数据平台的主体功能

从图 9.1 中可以看出，智慧工地监控大数据平台项目分为七大模块，分别为首页大数据展示模块、标题栏模块、菜单管理模块、用户管理模块、角色管理模块、权限管理模块和车辆管理模块。接下来讲解每个功能在项目中的具体实现。

9.1.2 项目功能体现

1. 首页大数据展示模块

大数据平台由多个页面组成。在浏览器中访问项目的首页，如图 9.2 所示。

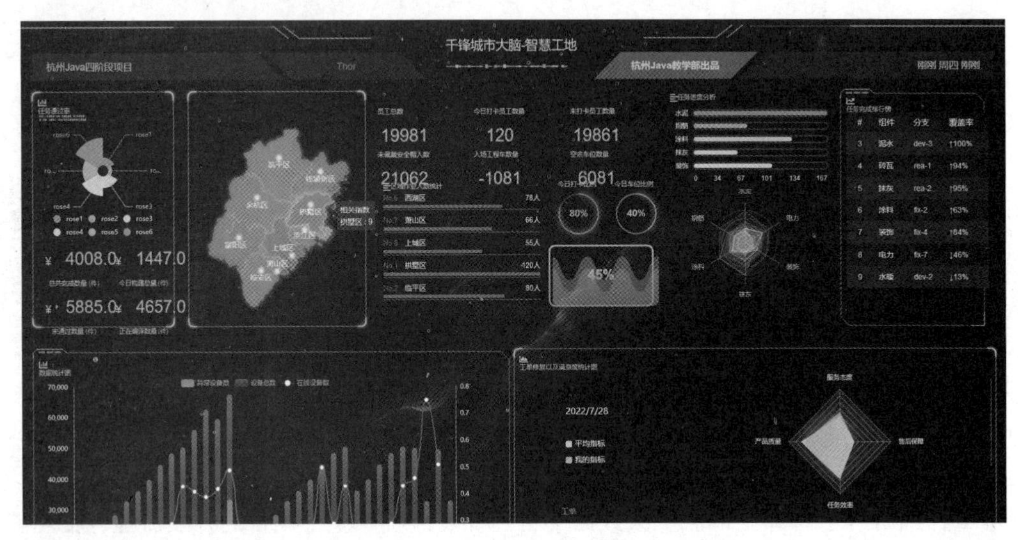

图 9.2 大数据平台首页

在图 9.2 中，整个首页由 8 个可视化图表组成，每个可视化图表均使用 ECharts 图表进行制作，用户登录后即可观看到此页面。

此页面中的数据均使用模拟数据展示。当需要真实数据时，使用请求与后端进行交互可以将获得的真实数据渲染到页面上。

2. 标题栏模块

标题栏模块如图 9.3 所示。

标题栏模块由面包屑标签、用户信息和导航栏 3 个部分组成。当用户单击左侧面包屑标签时，会跳转到相应的页面。当用户单击导航栏时，会跳转到相应的页面。当用户单击用户头像时将会出现用户功能列表，用户功能列表如图 9.4 所示。

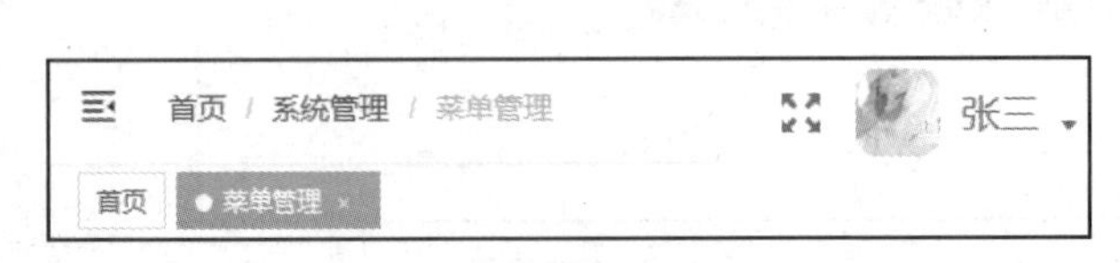

图 9.3 标题栏模块

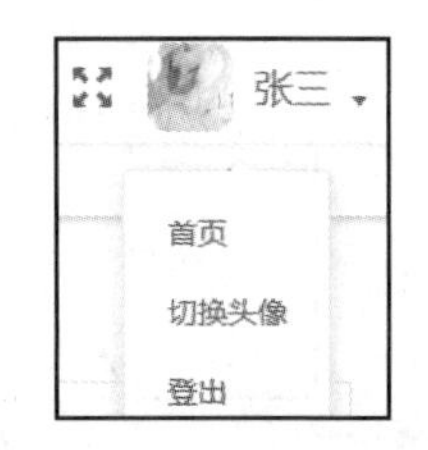

图 9.4 用户功能列表

当单击图 9.4 中的“首页”时，会跳转到首页页面；当单击图 9.4 中的“切换头像”时，将会弹出切换头像功能页面；当单击图 9.4 中的“登出”时，将会跳转到登录页。

3. 菜单管理模块

当用户单击系统管理中的“菜单管理”时，跳转到菜单管理模块，如图 9.5 所示。

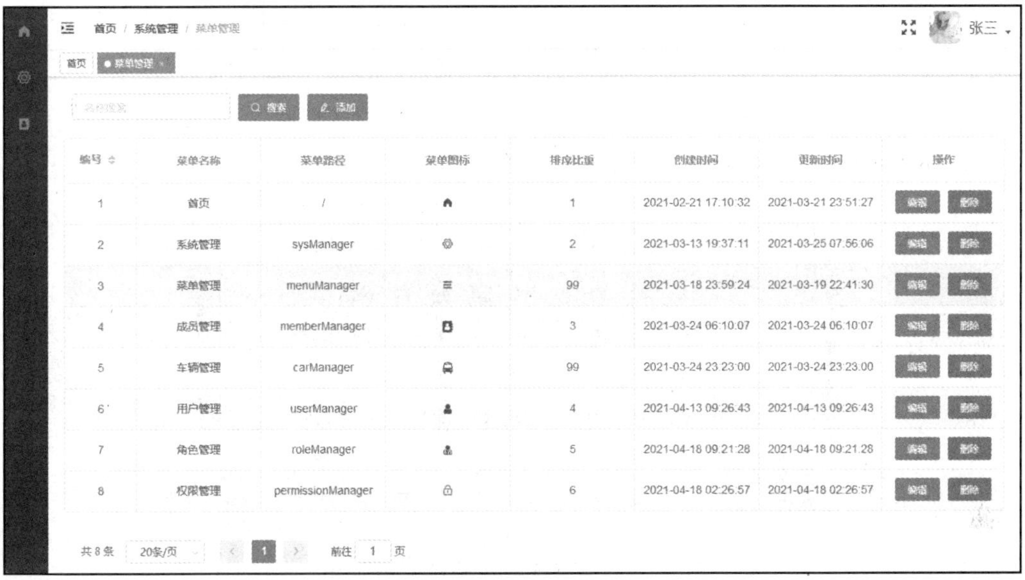
首页 / 系统管理 / 菜单管理
张三
首页
菜单管理
搜索
添加
编号
菜单名称
菜单路径
菜单图标
排序比重
创建时间
更新时间
操作
1 首页 / 1 2021-02-21 17:10:32 2021-03-21 23:51:27 编辑 删除
2 系统管理 sysManager 2 2021-03-13 19:37:11 2021-03-25 07:56:06 编辑 删除
3 菜单管理 menuManager 99 2021-03-18 23:59:24 2021-03-19 22:41:30 编辑 删除
4 成员管理 memberManager 3 2021-03-24 06:10:07 2021-03-24 06:10:07 编辑 删除
5 车辆管理 carManager 99 2021-03-24 23:23:00 2021-03-24 23:23:00 编辑 删除
6 用户管理 userManager 4 2021-04-13 09:26:43 2021-04-13 09:26:43 编辑 删除
7 角色管理 roleManager 5 2021-04-18 09:21:28 2021-04-18 09:21:28 编辑 删除
8 权限管理 permissionManager 6 2021-04-18 02:26:57 2021-04-18 02:26:57 编辑 删除
共 8 条
20条/页
1
前往 1 页

图 9.5　菜单管理模块

菜单管理模块分为查询菜单、删除菜单、增加菜单和修改菜单 4 个主要功能。

（1）当用户单击“搜索”按钮时，可以通过输入框中的值来筛选菜单，并将筛选过后的菜单展现在中间表格中。

（2）用户单击“删除”按钮可以删除此菜单。

（3）当用户单击“添加”按钮时，弹出增加菜单界面，如图 9.6 所示。

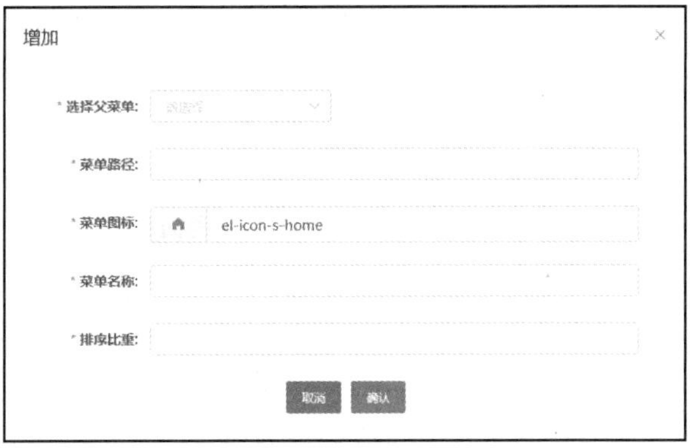
增加
* 选择父菜单:
* 菜单路径:
* 菜单图标:
el-icon-s-home
* 菜单名称:
* 排序比重:
取消
确认

图 9.6　增加菜单界面

在图 9.6 中，单击“选择父菜单”，将会弹出选择菜单，如图 9.7 所示。

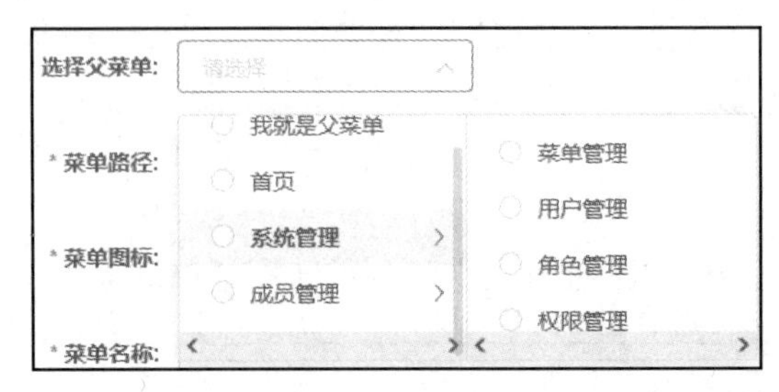

图 9.7　选择菜单

在图 9.7 中，选择此菜单的父菜单；如果没有父菜单可以直接选择“我就是父菜单”选项。在图 9.6 中可以单击菜单图标来选新建菜单的图标，如图 9.8 所示。

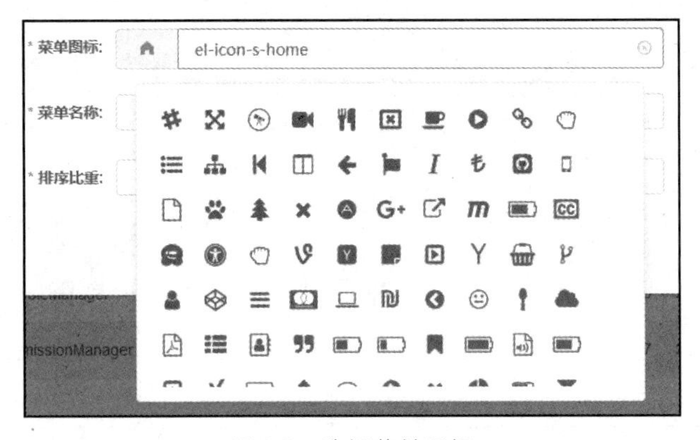

图 9.8　选择菜单图标

在图 9.6 中填写所有的信息后，单击“确认”按钮，左侧菜单栏中将会新增一个菜单。

（4）单击左侧的“修改”按钮，一个与新增菜单界面相似的修改菜单界面将会出现，如图 9.9 所示。

图 9.9　修改菜单界面

对参数进行相应的修改后，单击“确认”按钮即可修改。

4．用户管理模块

当用户单击系统管理中的“用户管理”时，跳转到用户管理模块，如图 9.10 所示。

图 9.10　用户管理模块

用户管理模块分为查找用户、修改用户、新增用户、删除用户和设置用户角色 5 个主要功能。

（1）当用户单击“搜索”按钮时，可以通过输入框中的值来筛选用户，并将筛选过后的用户展现在下方表格中。

（2）当用户单击表格中相应用户右侧的“编辑”按钮时，弹出用户修改界面，如图 9.11 所示。

图 9.11　用户修改界面

在用户修改界面中，可以修改用户的信息和用户的登录账号等。在用户修改界面的下方还可以设置此账号是否启用，如果禁用该账号，则此账号将不能登录。

（3）当用户单击图 9.10 中的“添加”按钮时，弹出用户增加界面，如图 9.12 所示。

将图 9.12 的用户增加界面与图 9.11 的用户修改界面做对比，用户增加界面多了密码输入框，开发人员在密码输入框中可以填写密码，设置完成密码以后将不能更改密码。图 9.12 的功能与图 9.11 的功能类似，填写相应信息后单击“确认”按钮即可新增一个用户。

（4）当用户单击图 9.10 中的“删除”按钮时，会将此用户删除。

（5）当用户单击图 9.10 中的“设置角色”按钮时，弹出设置角色界面，如图 9.13 所示。

图 9.12　用户增加界面

图 9.13　设置角色界面

在图 9.13 中，勾选“未有角色”单击“添加”按钮或勾选“已有角色”单击“删除”按钮，即可操作用户的权限。

5. 角色管理模块

当用户单击系统管理中的“角色管理”时，跳转到角色管理模块，如图 9.14 所示。

图 9.14　角色管理模块

角色管理模块分为增加角色、删除角色、修改角色、查询角色、设置角色菜单和设置角色权限6个主要功能。

（1）当用户单击“添加”按钮时，弹出角色增加界面，如图9.15所示。

图9.15 角色增加界面

在图9.15中，填写角色名称、角色编码和角色描述，随后单击“确认”按钮，即可添加相应的角色。

（2）当用户单击图9.14中的“删除”按钮时，可以删除相应的角色。

（3）当用户单击图9.14中的“编辑”按钮时，弹出编辑界面，该编辑界面与图9.15的界面类似，修改相应的信息，单击“确认”按钮后即可修改当前角色。

（4）当用户单击图9.14中的“搜索”按钮时，可以通过输入框中的值来筛选角色，并将筛选过后的角色信息展现在中间表格中。

（5）当用户单击图9.14中的“设置菜单”按钮时，弹出设置菜单界面，如图9.16所示。

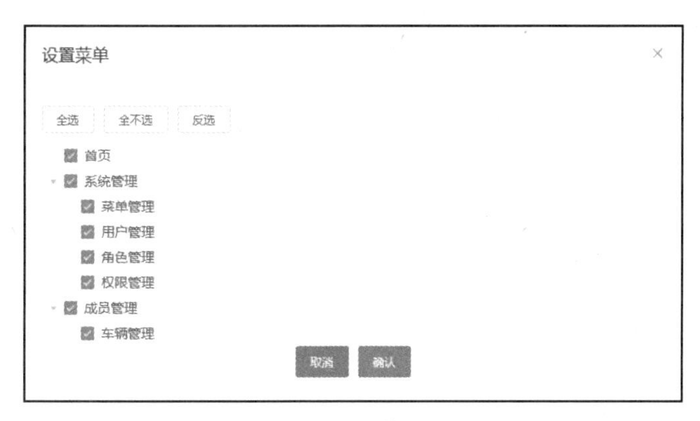

图9.16 设置菜单界面

在图9.16中，勾选的菜单表示拥有此角色的用户可访问此菜单；未勾选的菜单表示此角色不能访问该菜单。

（6）当用户单击图9.14中的“设置权限”按钮时，弹出设置权限界面，如图9.17所示。在图9.17中可以勾选权限，表示此角色可进行的操作。

6. 权限管理模块

当用户单击系统管理中的“权限管理”时，跳转到权限管理模块，如图9.18所示。

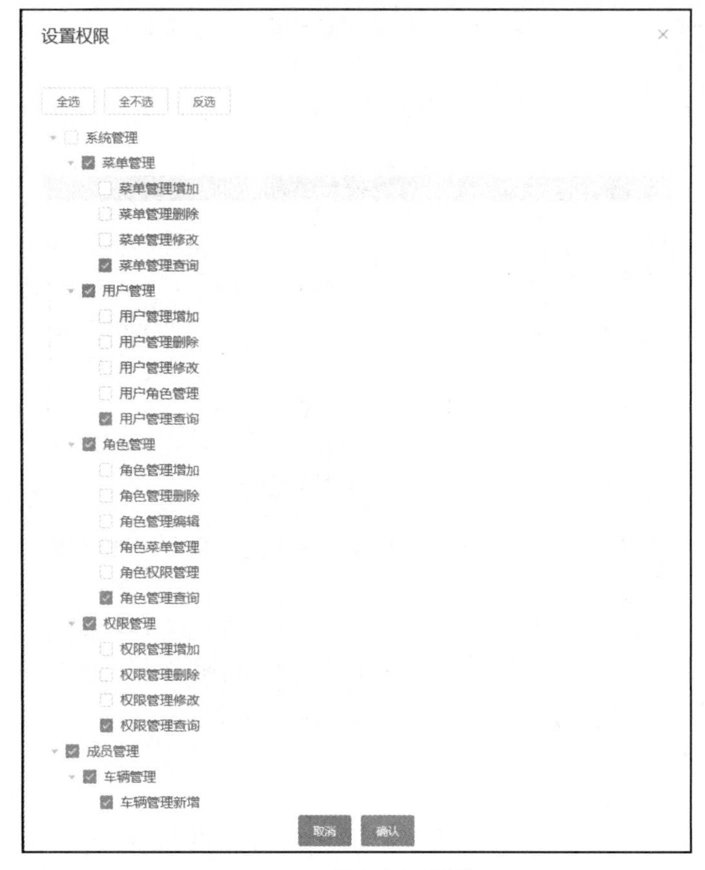

图 9.17　设置权限界面

图 9.18　权限管理模块

从图 9.18 可以看出，权限管理模块的主体表单为树状表单，整个权限管理模块分为增加权限、删除权限、查询权限和修改权限 4 个主要功能。

（1）当用户单击“添加”按钮时，弹出权限增加界面，如图 9.19 所示。

图 9.19　权限增加界面

在图 9.19 中，选择权限的父菜单，填写其他信息，单击“确认”按钮即可添加权限。

（2）当用户单击图 9.18 中的“搜索”按钮时，可以通过输入框中的值来筛选权限信息，并将筛选过后的权限展现在中间表格中。

（3）用户单击图 9.18 中的“删除”按钮可以删除相应权限。

（4）当用户单击图 9.18 中的“编辑”按钮时，弹出编辑界面，该编辑界面与图 9.19 的界面类似，修改相应的信息，单击“确认”按钮后即可修改当前权限。

7. 车辆管理模块

车辆管理模块是预增加模块，负责为读者演示增加模块的业务流程。

9.2　数据库设计

在开发应用程序时，需要确定项目中的实体类对象，随后根据实体类之间的关系创建数据库表。本节将带领读者完成数据库相关的设计。

9.2.1　设计 E-R 图

E-R 图又称为实体—关系图，它能够直观地描述出实体与属性之间的关系。下面根据大数据平台的功能来设计 E-R 图。

（1）用户实体的 E-R 图如图 9.20 所示。

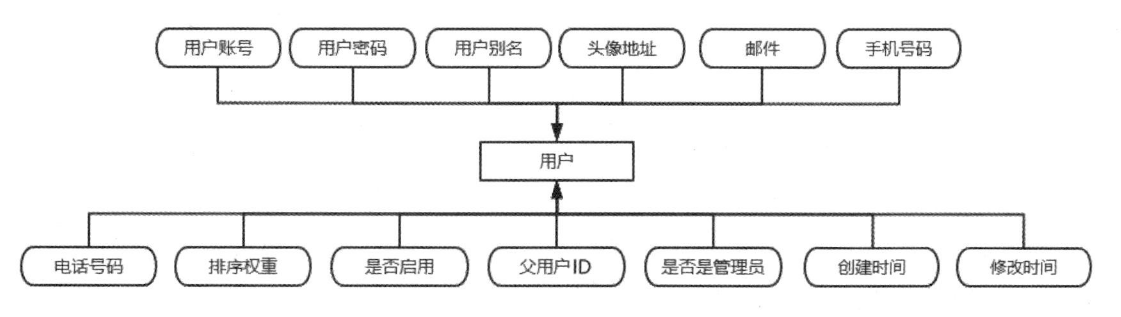

图 9.20　用户实体的 E-R 图

（2）角色实体的 E-R 图如图 9.21 所示。

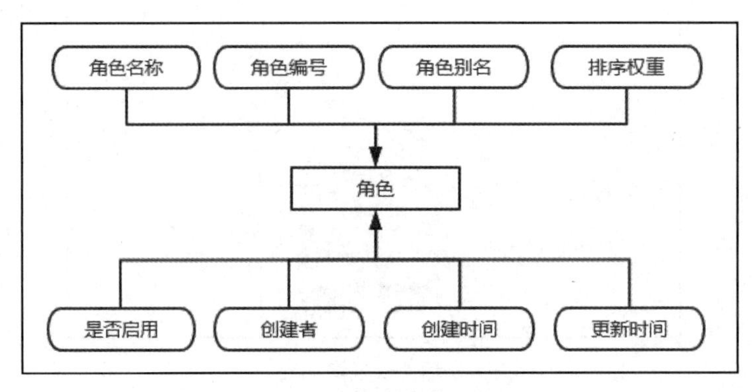

图 9.21　角色实体的 E-R 图

（3）权限实体的 E-R 图如图 9.22 所示。

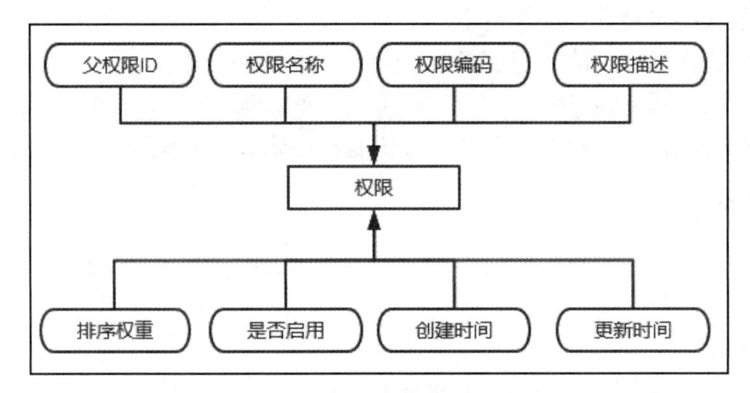

图 9.22　权限实体的 E-R 图

（4）菜单实体的 E-R 图如图 9.23 所示。

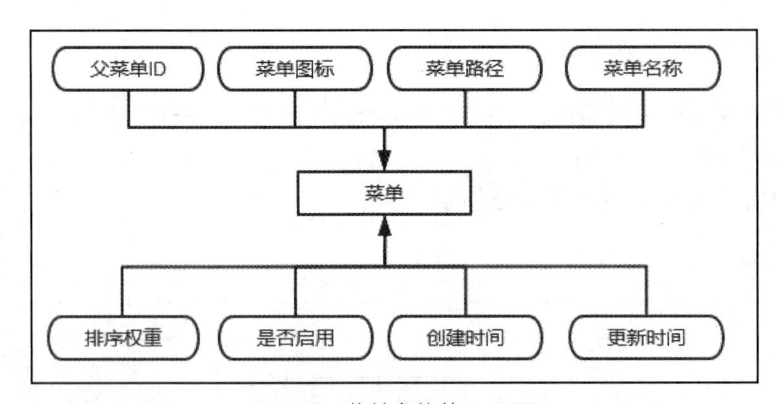

图 9.23　菜单实体的 E-R 图

（5）用户角色实体的 E-R 图如图 9.24 所示。

（6）角色权限实体的 E-R 图如图 9.25 所示。

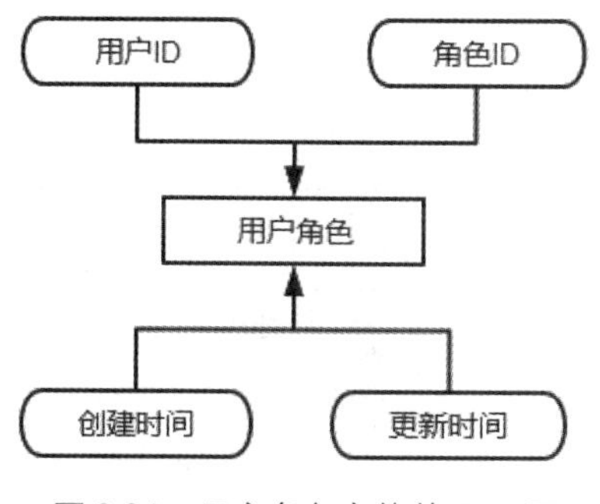

图 9.24　用户角色实体的 E-R 图

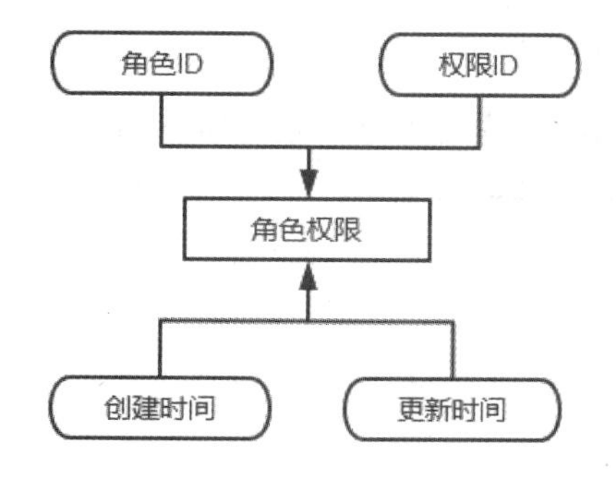

图 9.25　角色权限实体的 E-R 图

（7）角色菜单实体的 E-R 图如图 9.26 所示。

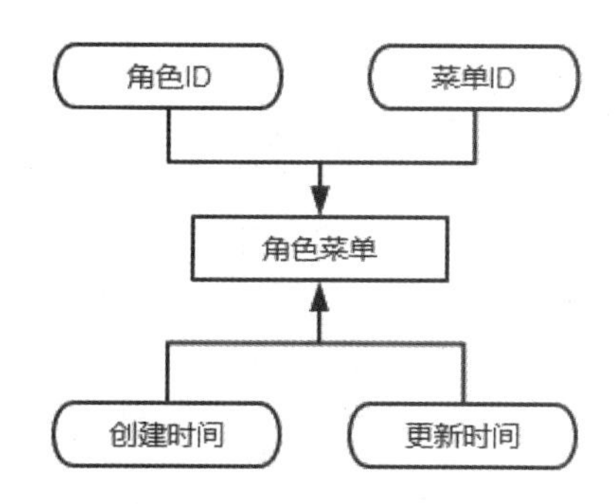

图 9.26　角色菜单实体的 E-R 图

9.2.2　数据库表设计

在了解完每个实体的 E-R 图之后，根据每个 E-R 图创建数据库表。

1. user 表

user 表负责存储此系统所有的用户信息，其表结构如图 9.27 所示。

名	类型	长度	小数点	不是 null	虚拟	键	注释
id	int	0	0	☑	☐	1	主键自增
user_name	varchar	32	0	☑	☐		账号
password	varchar	128	0	☑	☐		密码
nick_name	varchar	128	0	☑	☐		昵称
head_img_url	varchar	512	0	☐	☐		头像地址
email	varchar	32	0	☐	☐		电子邮箱地址
phone	varchar	32	0	☐	☐		手机号码
tel_phone	varchar	32	0	☐	☐		电话号码
sort	int	0	0	☐	☐		排序字段
is_enable	int	0	0	☐	☐		是否可用 0：否 1：是
parent_id	bigint	0	0	☐	☐		上级用户id 0:表示一级用户 其他对应用户表id
is_admin	int	0	0	☐	☐		是否是管理员0:否 1:是
create_time	timestamp	0	0	☐	☐		创建时间
update_time	timestamp	0	0	☐	☐		修改时间

图 9.27　user 表结构

2. role 表

role 表负责存储此系统所有的角色信息，其表结构如图 9.28 所示。

名	类型	长度	小数点	不是 null	虚拟	键	注释
id	int	0	0	☑	☐	1	主键自增
role_name	varchar	32	0	☐	☐		角色名称
role_code	varchar	128	0	☐	☐		角色代码如:admin,
role_remark	varchar	256	0	☐	☐		角色描述
sort	int	0	0	☐	☐		排序字段
is_enable	int	0	0	☐	☐		是否可用 0：否 1：是
creator_id	bigint	0	0	☐	☐		创建者id(对应用户表id,一般用户只能管理自己创建的)
create_time	timestamp	0	0	☐	☐		创建时间
update_time	timestamp	0	0	☐	☐		更新时间

图 9.28　role 表结构

3. permission 表

permission 表负责存储此系统所有的权限信息，其表结构如图 9.29 所示。

名	类型	长度	小数点	不是 null	虚拟	键	注释
id	int	0	0	☑	☐	1	主键自增
parent_id	int	0	0	☐	☐		上级权限id（0表示顶级）
permission_name	varchar	64	0	☐	☐		权限名称
permission_code	varchar	128	0	☐	☐		权限编码（如：sys:user:query）
permission_remark	varchar	512	0	☐	☐		权限描述
sort	int	0	0	☐	☐		排序字段
is_enable	int	0	0	☐	☐		是否可用 0：否 1：是
create_time	timestamp	0	0	☐	☐		创建时间
update_time	timestamp	0	0	☐	☐		更新时间

图 9.29　permission 表结构

4. menu 表

menu 表负责存储此系统所有的菜单信息，其表结构如图 9.30 所示。

名	类型	长度	小数点	不是 null	虚拟	键	注释
id	int	0	0	☑	☐	1	主键自增
parent_id	int	0	0	☐	☐		上级菜单id （0表示顶级）
css	varchar	128	0	☐	☐		css 样式
menu_url	varchar	128	0	☐	☐		菜单访问相对路径
menu_name	varchar	128	0	☐	☐		菜单名称
sort	int	0	0	☐	☐		排序字段
is_enable	int	0	0	☐	☐		是否可用 0：否 1：是
create_time	timestamp	0	0	☐	☐		创建时间
update_time	timestamp	0	0	☐	☐		更新时间

图 9.30　menu 表结构

5. user_role 表

user_role 表负责联系 user 表和 role 表，提供多对多支持，其表结构如图 9.31 所示。

名	类型	长度	小数点	不是 null	虚拟	键	注释
user_id	int	0	0	☑	☐		用户id
role_id	int	0	0	☑	☐		角色id
create_time	timestamp	0	0	☐	☐		创建时间
update_time	timestamp	0	0	☐	☐		更新时间

图 9.31　user_role 表结构

6．role_permission 表

role_permission 表负责联系 role 表和 permission 表，提供多对多支持，其表结构如图 9.32 所示。

名	类型	长度	小数点	不是 null	虚拟	键	注释
role_id	int	0	0	☑	☐		角色id
permission_id	int	0	0	☑	☐		权限id
create_time	timestamp	0	0	☐	☐		创建时间
update_time	timestamp	0	0	☐	☐		更新时间

图 9.32　role_permission 表结构

7．role_menu 表

role_menu 表负责联系 role 表和 menu 表，提供多对多支持，其表结构如图 9.33 所示。

名	类型	长度	小数点	不是 null	虚拟	键	注释
role_id	int	0	0	☑	☐		角色id
menu_id	int	0	0	☑	☐		菜单id
create_time	timestamp	0	0	☐	☐		创建时间
update_time	timestamp	0	0	☐	☐		更新时间

图 9.33　role_menu 表结构

9.3　后端项目搭建

在功能开发之前，首先要进行项目搭建等工作。本节分步骤讲解后端项目的搭建过程。后端项目开发环境如下所示。

- Web 服务器：Tomcat 8。
- Java 开发包：JDK 1.8。
- 数据库：MySQL 8.0。
- 开发工具：IDEA 2021.2。
- 浏览器：Firefox。

9.3.1　创建 Spring Boot 项目

打开 IDEA，选择“Spring Initializr”创建 Spring Boot 项目，将其命名为 myManager，如

图 9.34 所示。

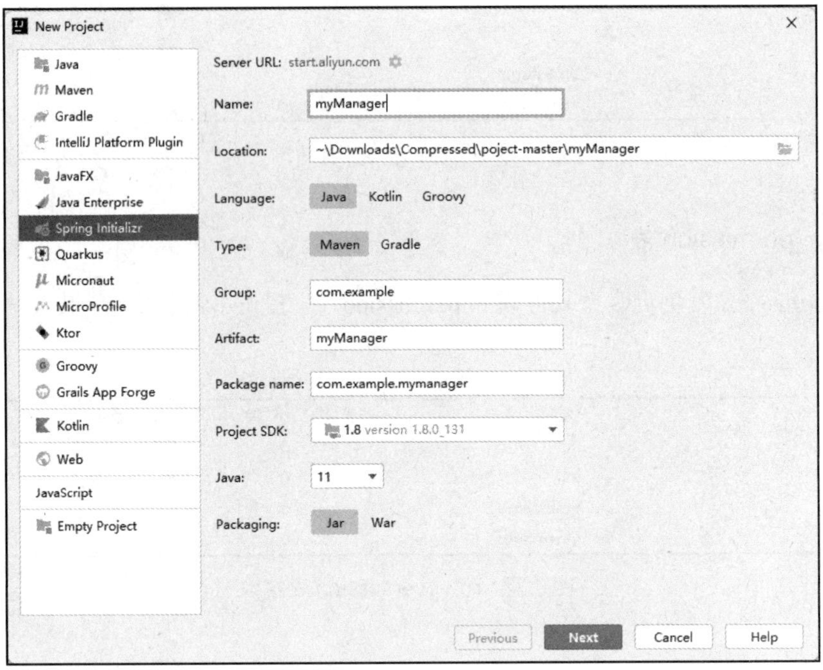

图 9.34　创建 Spring Boot 项目

9.3.2　导入 Maven 依赖

在 pom.xml 文件中配置需要用到的依赖，此项目中用到的依赖如下所示。

（1）Spring Boot 相关依赖，代码如下所示。

```
<dependency>
    <groupId>org.springframework.boot</groupId>
    <artifactId>spring-boot-starter-web</artifactId>
</dependency>
<dependency>
    <groupId>org.springframework.boot</groupId>
    <artifactId>spring-boot-devtools</artifactId>
    <scope>runtime</scope>
    <optional>true</optional>
</dependency>
<dependency>
    <groupId>org.springframework.boot</groupId>
    <artifactId>spring-boot-starter-test</artifactId>
    <scope>test</scope>
</dependency>
```

在以上代码中，第一个依赖负责 Spring Boot 与 Web 的整合，第二个依赖是 Spring Boot 中与热部署相关的依赖，第三个依赖为 Spring Boot 测试模块提供支持。

（2）项目所需要的工具依赖，代码如下所示。

```
<!--工具包-->
<dependency>
```

```
        <groupId>org.projectlombok</groupId>
        <artifactId>lombok</artifactId>
        <optional>true</optional>
    </dependency>
    <!--代码生成器-->
    <dependency>
        <groupId>com.baomidou</groupId>
        <artifactId>mybatis-plus-generator</artifactId>
        <version>3.3.1.tmp</version>
    </dependency>
    <!--fastJSON-->
    <dependency>
        <groupId>com.alibaba</groupId>
        <artifactId>fastjson</artifactId>
        <version>1.2.47</version>
    </dependency>
    <!--JWT 工具包-->
    <dependency>
        <groupId>com.auth0</groupId>
        <artifactId>java-jwt</artifactId>
        <version>2.2.0</version>
    </dependency>
```

在以上代码中，第一个依赖主要提供了类的基本配置简化，第二个依赖提供了简单增、删、改、查的代码生成，第三个依赖是 JSON、XML 等各种格式之间转换的工具，第四个依赖负责 JWT 的解析和加密。

（3）项目所需要外部依赖，代码如下所示。

```
    <!--mybaties-plus-->
    <dependency>
        <groupId>com.baomidou</groupId>
        <artifactId>mybatis-plus-boot-starter</artifactId>
        <version>3.4.0</version>
    </dependency>
    <!--swagger 升级版-->
    <dependency>
        <groupId>com.github.xiaoymin</groupId>
        <artifactId>knife4j-spring-boot-starter</artifactId>
        <version>2.0.8</version>
    </dependency>
    <!-- 模板引擎依赖 -->
    <dependency>
        <groupId>org.apache.velocity</groupId>
        <artifactId>velocity-engine-core</artifactId>
        <version>2.2</version>
    </dependency>
    <!--validated 验证包-->
    <dependency>
        <groupId>org.springframework.boot</groupId>
        <artifactId>spring-boot-starter-validation</artifactId>
    </dependency>
    <!--文件上传-->
```

```xml
<dependency>
    <groupId>commons-io</groupId>
    <artifactId>commons-io</artifactId>
    <version>2.4</version>
</dependency>
```

在以上代码中，第一个依赖提供了控制器增、删、改、查的工具封装，第二个依赖是接口文档生成工具，第三个依赖是模板引擎所需的依赖，第四个依赖提供文件上传的支持。

（4）项目所需核心依赖，代码如下所示。

```xml
<!--mybaties-plus-->
<!--spring boot jdbc-->
<dependency>
    <groupId>org.springframework.boot</groupId>
    <artifactId>spring-boot-starter-jdbc</artifactId>
</dependency>
<dependency>
    <groupId>mysql</groupId>
    <artifactId>mysql-connector-java</artifactId>
    <version>8.0.19</version>
</dependency>
<!--shiro-->
<dependency>
    <groupId>org.apache.shiro</groupId>
    <artifactId>shiro-spring</artifactId>
    <version>1.3.2</version>
</dependency>
<!--redis-->
<dependency>
    <groupId>org.springframework.boot</groupId>
    <artifactId>spring-boot-starter-data-redis</artifactId>
</dependency>
<!--aop 依赖-->
<dependency>
    <groupId>org.springframework.boot</groupId>
    <artifactId>spring-boot-starter-aop</artifactId>
</dependency>
```

在以上代码中，引入了 Spring Boot 与数据库、Redis 和 Shiro 的整合依赖。

9.3.3 创建 Spring Boot 的目录结构

创建 Spring Boot 的目录结构，如图 9.35 所示。

在图 9.35 中，java 文件夹下存放项目的核心代码，resources 文件夹存放配置文件。

在 java 文件夹下，commons 文件夹存放常用的公共类，config 文件夹存放此项目的所有配置类，generator 文件夹负责存放代码生成类，shiro 文件夹存放安全框架相关的控制器和实体类，tonghao 文件夹和 userManager 文件夹分别存放测试模块和用户的权限访问模块，utils 文件夹存放工具类。

在 resources 文件夹下，mapper 文件夹用来存放映射 XML 文件，templates 文件夹用来存放自动生成代码的模板类。

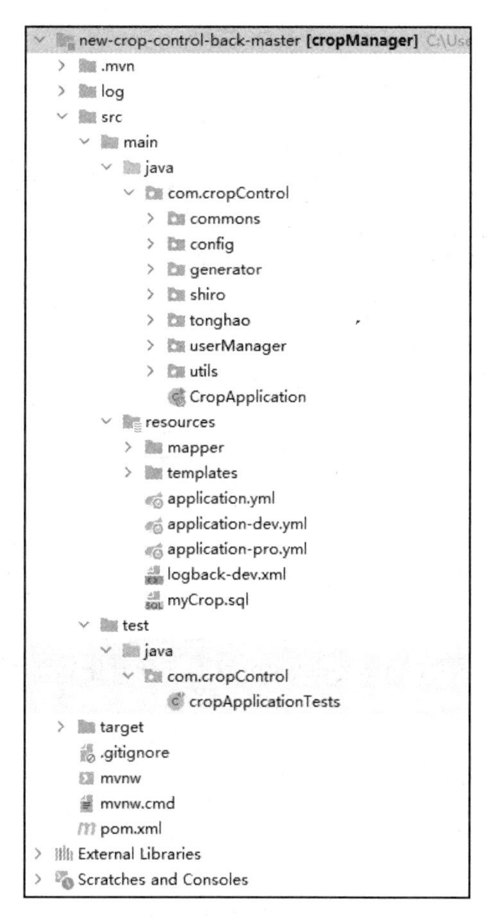

图 9.35　目录结构

9.3.4　编写 Spring Boot 项目的配置文件

在 resources 文件夹下创建 Spring Boot 项目的配置文件，将其命名为 application.yml，编写其中的代码，如例 9-1 所示。

【例 9-1】 application.yml

```
1.  spring:
2.    datasource:
3.      driver-class-name: com.mysql.cj.jdbc.Driver
4.      username: root
5.      password: 2865gfv79349
6.      url:
jdbc:mysql://****:3306/crop_manager?useSSL=false&serverTimezone=UTC&allowPublicKe
yRetrieval=true&rewriteBatchedStatements=true
7.    redis:
8.      host: *****
9.      port: 6379
10.     password: 123456
11.   profiles:
12.     active: dev
```

```
13. mybatis-plus:
14.   configuration:
15.     log-impl: org.apache.ibatis.logging.stdout.StdOutImpl
16. logging:
17.   config: classpath:logback-dev.xml
```

在例 9-1 中，第 2～6 行代码配置了数据库的连接，第 7～10 行代码配置了 Redis 的数据库连接，第 11～12 行代码使用 profiles 来激活 dev 开发配置，第 13～15 行代码开启日志打印功能，第 16～17 行代码配置日志输出的文档。

在 resources 文件夹下创建 application-dev.yml，在其中添加以下代码。

```
headImagePath: D:\webstorm\DashBoard\public\image\headImage
```

以上代码是头像上传后的存放地址。此配置文件针对于本地服务，属于只有在开发环境下才会启用的配置。

接下来配置线上环境，在 resources 文件夹下创建 application-pro.yml 配置文件，在其中添加如下代码。

```
headImagePath: /usr/local/bijiahao/nginx/html/headImage
```

以上代码是项目发布时头像上传存放的目录，此目录将会作为 Nginx 的资源目录进行开放。

在 resources 文件夹下创建 logback-dev.xml 文件，在其中添加日志的相关配置，具体配置见本书配套的源码包。

9.3.5 搭建外设服务器

1. 搭建 Redis 服务器

在服务器中安装 Docker，随后在 Docker 中安装 Redis 服务器，具体安装步骤可以参考 3.2.4 小节。

2. 搭建 MySQL 数据库

如果有本机的 MySQL 可以使用本机的数据库，现希望在服务器中搭建 MySQL，则在服务器中输入以下命令。

```
docker pull mysql
```

以上命令从 Docker 仓库中查找对应 MySQL 的镜像并下载。下载完成后，可以输入以下命令查看镜像。

```
docker images
```

输入以上命令后，查询的镜像列表中含有 MySQL 即为成功。接下来通过镜像创建 MySQL，输入以下命令。

```
docker run --name 容器名称 -e MYSQL_ROOT_PASSWORD=登录密码 -p 3306:3306 -d 镜像名称
```

输入以上命令后，通过 Navicat 或其他客户端尝试连接，如果能够正常连接，则配置完成。

9.4 前端项目搭建

在功能开发之前，首先要进行项目搭建等工作，前端项目需要的环境如下所示。

- Node.js 版本：14.8.0。
- Vue 版本：2.6.14。
- 前端框架：Vue-Cli3。
- UI 框架：ElementUI。
- 开发工具：WebStorm。
- 浏览器：Firefox。

9.4.1 配置前端编码环境

此小节带领读者配置前端所需的编码环境。如果读者已经配置过前端的环境，则无须再次配置。

双击项目源码包中的 Node 安装包，将 Node.js 安装到 D:/node 目录下，随后在此安装目录下新建 node_global 文件夹与 node_cache 文件夹，创建完成后如图 9.36 所示。

> 此电脑 › 本地磁盘 (D:) › node

名称	修改日期	类型	大小
node_cache	2022/7/26 16:16	文件夹	
node_global	2022/7/25 15:42	文件夹	
node_modules	2021/12/9 16:10	文件夹	
install_tools.bat	2020/6/15 15:25	Windows 批处理...	3 KB
node.exe	2020/6/17 1:31	应用程序	29,122 KB
node_etw_provider.man	2020/2/14 19:03	MAN 文件	9 KB
nodevars.bat	2020/2/14 19:03	Windows 批处理...	1 KB
npm	2020/2/14 19:03	文件	1 KB
npm.cmd	2020/2/14 19:03	Windows 命令脚本	1 KB
npx	2020/2/14 19:03	文件	1 KB
npx.cmd	2020/2/14 19:03	Windows 命令脚本	1 KB

图 9.36 创建 Node.js 目录

随后根据 Node.js 的安装路径配置 node_modules 环境变量，在系统变量下添加以下代码。

```
NODE_PATH   D:\node\node_global\node_modules
```

配置完成后，还需将 node_global 目录配置为 Node.js 的全局目录。编辑用户变量，找到 npm 的路径，将其替换成 D:\node\node_global。

在 cmd 控制台中输入以下命令。

```
npm config edit
```

随后系统会打开记事本，在此记事本中添加如下代码。

```
prefix=D:\node\node_global
cache=D:\node\node_cache

registry=https://registry.npm.taobao.org
sass_binary_site=https://npm.taobao.org/mirrors/node-sass/
phantomjs_cdnurl=http://npm.taobao.org/mirrors/phantomjs
ELECTRON_MIRROR=http://npm.taobao.org/mirrors/electron/
```

在以上代码中，配置了全局安装目录、缓存目录和淘宝镜像加速。配置完成后关闭记事本，在 cmd 控制台输入以下命令。

```
npm install -g vue-cli
```

以上命令表示使用 npm 命令安装 Vue-Cli。安装完成 Vue-Cli 后，前端项目的配置结束。

9.4.2 创建 Vue-Cli3 项目

此项目使用 vue-element-template 作为后台管理系统的模板。访问 vue-element-template 官网，如图 9.37 所示。

图 9.37 访问 vue-element-template 官网

在图 9.37 中，单击基础模板 vue-admin-template，进入 GitHub 页面，将代码下载，随后导入 WebStorm 中。

9.4.3 创建 Vue 项目的目录结构

创建 Vue 项目的目录结构，如图 9.38 所示。

在图 9.38 中，public 文件夹下存放静态资源，此资源不会被打包；src 文件夹下存放核心代码，此部分代码会被打包。

在 src 文件夹下，api 文件夹存放发送请求的接口，assets 文件夹存放此项目的所有配置类，components 文件夹负责存放组件，icons 文件夹用来存放图标，layout 文件夹用来存放布局相关的设置（此处主要是标题栏以及表头的组件类），router 文件夹存放路由，store 文件夹需要存放与 Vuex 相关的配置，styles 文件夹主要用来存放 CSS 样式文件，utils 文件夹主要用来存放工具类，views 文件夹用来存放核心的页面文件。

在项目文件夹下，编写 main.js、permission.js 和 settings.js 文件，详细代码见本书配套的源码包。

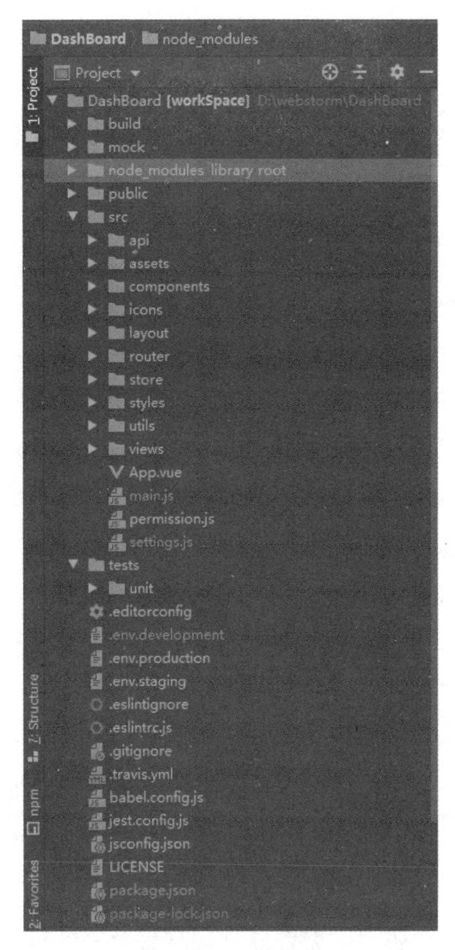

图 9.38　目录结构

9.5　配置后端代码自动生成

在日常开发中，常见的增、删、改、查是一项重复的工作。本节讲解 MyBatis-Plus 自动生成代码技术，帮助开发人员减轻编写代码的负担。

在代码的 generator 目录下创建 CodeGenerator 文件，编写其中的代码，核心代码如例 9-2 所示。

【例 9-2】MyBatis 自动生成代码

```
1.  public class CodeGenerator {
2.
3.      public static void main(String[] args) {
4.          /*更改此处包名*/
5.          String pageName="com.cropControl";
6.          /*更改此处实体类继承类*/
7.          String baseBeanPath="com.cropControl.commons.BaseBean";
8.
9.          //代码生成器
```

```
10.         AutoGenerator mpg=new AutoGenerator();
11.
12.         //数据源配置
13.         DataSourceConfig dsc=new DataSourceConfig();
14.         dsc.setUrl("jdbc:mysql://127.0.0.1:3306/crop_manager?" +
15.         "useSSL=false&serverTimezone=UTC&allowPublicKeyRetrieval=true");
16.         //配置数据库驱动
17.         dsc.setDriverName("com.mysql.cj.jdbc.Driver");
18.         //配置数据库连接用户名
19.         dsc.setUsername("root");
20.         //配置数据库连接密码
21.         dsc.setPassword("root");
22.         mpg.setDataSource(dsc);
23.
24.         //如果模板引擎是 freemarker
25.         //String templatePath="/templates/mapper.xml.ftl";
26.         //如果模板引擎是 velocity
27.         String templatePath="/templates/mapper.xml.vm";
28.
29.         //配置模板
30.         TemplateConfig templateConfig=new TemplateConfig();
31.
32.         //配置自定义输出模板
33.         //指定自定义模板路径，注意不要带上.ftl/.vm，系统会根据使用的模板引擎自动识别
34.         templateConfig.setMapper("templates/mapper2.java");
35.         templateConfig.setController("templates/controller2.java");
36.         templateConfig.setEntity("templates/entity2.java");
37.     }
38. }
```

在例 9-2 中，第 5～7 行代码负责配置项目包名与实体类的父类，第 13～22 行代码负责配置数据库连接，第 27 行代码负责配置模板引擎的种类，第 34～36 行代码负责配置 Mapper、Controller 和 Entity 的模板。

在 templates 目录下创建相应的模板文件，详细的代码见本书配套的源码包。配置完成后运行 CodeGenerator 类代码，结果如图 9.39 所示。

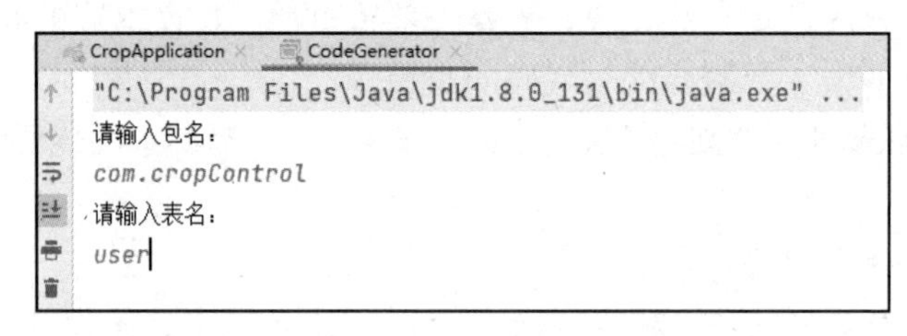

图 9.39　CodeGenerator 类代码运行结果

在图 9.39 中，依次输入代码生成的位置和表名，即可自动生成此表的标准增、删、改、查代码。在此讲解生成后的 Controller 层代码，以 User 表为例，“根据 id 查询单条数据”的代码如下所示。

```
/**
 *  根据 id 查询单条数据
```

```
 * @param id
 * @return
 */
@ApiOperation(
      value="通过id查询单条数据", notes="必传主键id ", httpMethod="GET"
)
@GetMapping(value="/{id}")
public ResultInfo selectByPrimaryKey(@PathVariable("id") Integer id) {
   SysUser result=new CRUDTemplate<>(sysUserMapper).getById(id);
   return ResultInfo.success(result);
}
```

在以上代码中，@ApiOperation 注解是 Knife4j 的注解，Knife4j 是一个接口管理的工具类。在 selectByPrimaryKey()方法中，只接收一个 id，通过此 id 从数据库中查询 User 对象，随后将查询出的对象返回给前端。

“通过对象参数查询数据”功能，代码如下所示。

```
/**
 * 通过对象参数查询数据
 * @param sysUser
 * @return
 */
@ApiOperation(value="通过对象参数查询数据", notes="", httpMethod="GET")
@GetMapping(value="/")
public ResultInfo selectByObject(SysUser sysUser) {
   List<SysUser> result=new CRUDTemplate<>(sysUserMapper).getList(sysUser);
   return ResultInfo.success(result);
}
```

在以上代码中，通过传入的对象进行筛选，例如前端传入 JSON 字符串只有 count 和 name 两个属性，则后端将这两个属性封装进 SysUser 对象中，通过 getList()方法到数据库进行筛选符合 count 和 name 的数据，随后将数据返回给前端。

“通过对象参数条件分页查询”功能，代码如下所示。

```
/**
 * 通过对象参数条件分页查询
 * @param sysUser
 * @return
 */
@ApiOperation(value="通过对象参数查询分页数据", notes="", httpMethod="GET")
@GetMapping(value="/paging")
public ResultInfo selectByObjectPaging(SysUser sysUser) {
IPage<SysUser> paging=
            new CRUDTemplate<>(sysUserMapper).getPaging(sysUser);
   HashMap<String, Object> result=new HashMap();
   result.put("list",paging.getRecords());
   result.put("size",paging.getTotal());
   result.put("currentPage",paging.getCurrent());
   result.put("pageSize",paging.getSize());
   return ResultInfo.success(result);
}
```

在以上的分页查询功能中，与其他的查询不同的是，@GetMapping 注解中的访问路径为

/paging，且在传送的 JSON 字符串中需要指定 page 与 pageSize 字段。

“通过对象插入数据”功能，代码如下所示。

```
/**
 *  通过对象插入数据
 * @param sysUser
 * @return
 */
@ApiOperation(
   value="通过对象插入数据", notes="对象必传,id 不传", httpMethod="POST")
@PostMapping(value="/")
public ResultInfo insertByObject(@RequestBody SysUser sysUser) {
   CRUDTemplate<SysUser> sysUserCRUDTemplate=
         new CRUDTemplate<>(sysUserMapper);
   //如果没查到，则返回空
   if(sysUserCRUDTemplate.getList(
         new SysUser().setUserName(sysUser.getUserName())
   ).size()!=0){
      return ResultInfo.success(0);
   }
   sysUser.setPassword(MD5Util.encrypt(sysUser.getPassword()));
   int ret=sysUserCRUDTemplate.insert(sysUser);
   return ResultInfo.success(ret);
}
```

在以上新增功能中，前端传来的 JSON 字符串将会被封装为 SysUser 对象，未传的属性赋值为空，随后将此属性插入数据库。

“通过对象更新数据”功能，代码如下所示。

```
/**
 *  通过对象更新数据
 * @param sysUser
 * @return
 */
@ApiOperation(value="通过对象更新数据", notes="必传 id", httpMethod="PUT")
@PutMapping(value="/")
public ResultInfo updateByObject(@RequestBody @Validated SysUser sysUser) {
   if(sysUser.getPassword()!=null){
      sysUser.setPassword(MD5Util.encrypt(sysUser.getPassword()));
   }
    int ret=
        new CRUDTemplate<>(sysUserMapper).update(sysUser,sysUser.getId());
   return ResultInfo.success(ret);
}
```

在以上代码中，前端传送的 JSON 字符串中的内容将被放到 SysUser 对象中，后端查看此对象中的属性，如果属性不为空，则将其加入 Update 的字段，组装完后，执行更新语句。

“通过 id 删除数据”功能，代码如下所示。

```
/**
 *  通过 id 删除数据
 * @param id
 * @return
```

```
*/
@ApiOperation(value="通过 id 删除数据", notes="必传 id", httpMethod="DELETE")
@DeleteMapping(value="/")
public ResultInfo deleteByObject(Integer id) {
      int ret=new CRUDTemplate<>(sysUserMapper).delete(id);
      return ResultInfo.success(ret);
}
```

在以上代码中，后端接收前端传送的id，随后根据此id删除数据库中的数据。

至此，所有的自动生产代码讲解完毕。读者可创建对应数据库表的所有增、删、改、查代码，创建完后可直接运行并进行功能的测试。

9.6 登录功能模块

登录模块是此项目的核心模块。用户只可以在登录状态下浏览系统。接下来，本节将详细讲解各个页面的编写。

9.6.1 前端功能的编写

1. 分析登录功能

（1）用户登录时，登录页面将用户名和密码发送给后台，后台将返回一个Token字符串。

（2）前端在获得Token时需要将此Token存放在用户浏览器中，在之后的每一次请求都将附带此Token。

（3）查询用户信息，将用户信息存放到Vuex中。

（4）查询菜单相关信息，并跳转到首页。

2. 功能实现

（1）编写首页页面，在其中加入登录框，在登录框中编写登录功能。

登录页如图9.40所示。

图9.40　登录页

在图9.40中，只包含一个登录框。在前端的views文件夹中编写登录页，目录结构如

图 9.41 所示。

在图 9.41 中的 index.vue 中编写代码，核心代码如下所示。

```
<template>
  <div class="login-container">
    <LoginForm
      :model.sync="loginForm"
      :rules="loginRules"
      @submitBtnClick="handleLogin()"
      class="loginForm">
    </LoginForm>
  </div>
</template>
```

在以上代码中，将自定义组件 LoginForm 作为登录框，接下来详细讲解此组件中的功能。

在此组件中，使用.sync 双向绑定登录表单的用户名和密码。当组件内部更改用户名和密码时，此页面的相应数据也会随之更改。loginForm 数据如下所示。

```
loginForm: {
      username: '',
      password: ''
},
```

此组件中的 rules 表示验证规则。当 rules 为空时，表示没有验证规则。loginRules 数据如下所示。

```
loginRules: {
      password: [
        { required: true, trigger: 'blur', validator: validatePassword }
      ]
}
```

@submitBtnClick 表示一个自定义事件，当组件内部的提交按钮被单击时，触发此组件中的 handleLogin 方法。

接下来在 components 文件夹下创建 LoginForm 自定义组件，目录结构如图 9.42 所示。

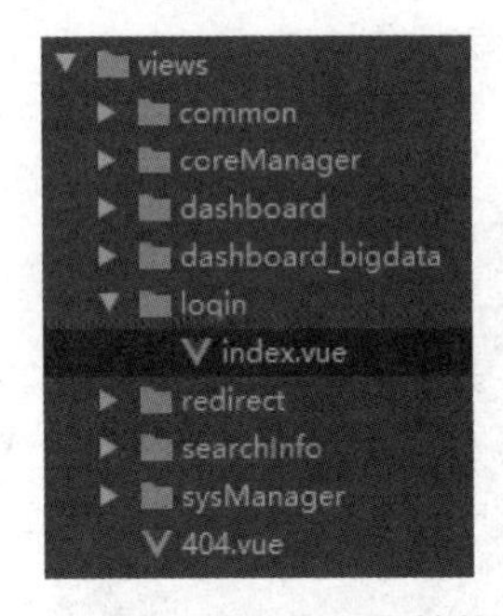

图 9.41　登录框目录结构

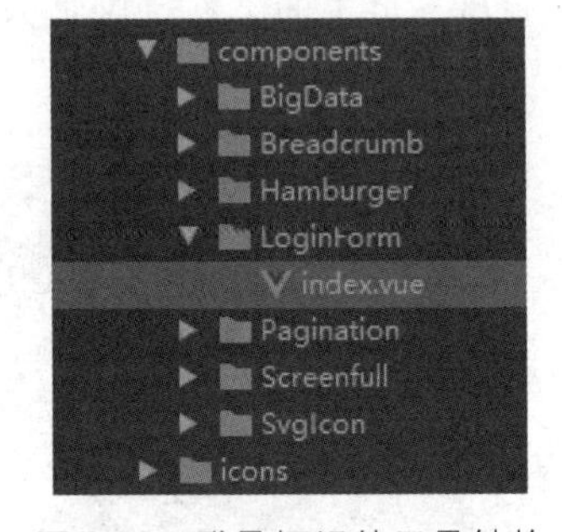

图 9.42　登录框组件目录结构

编写图 9.42 中的 index.vue，代码如例 9-3 所示。

【例 9-3】登录框组件

```
1.  <template>
2.    <el-form ref="loginForm"
3.             :model="model"
4.             :rules="rules"
5.             class="login-form">
```

```
6.      <!--登录标题-->
7.      <div class="title-container">
8.        <h3 class="title">平 台 登 录</h3>
9.      </div>
10.     <!--用户名输入框-->
11.     <el-form-item>
12.         <span class="svg-container">
13.           <svg-icon icon-class="user" />
14.         </span>
15.       <el-input ref="username"
16.         v-model="model.username" placeholder="Username"
17.         name="username" type="text"
18.         tabindex="1" auto-complete="on"
19.       />
20.     </el-form-item>
21.     <!--密码输入框-->
22.     <el-form-item prop="password">
23.         <span class="svg-container">
24.           <svg-icon icon-class="password" />
25.         </span>
26.       <el-input
27.         :key="passwordType" ref="password"
28.         v-model="model.password" :type="passwordType"
29.         placeholder="Password" name="password"
30.         tabindex="2" auto-complete="on"
31.         @keyup.enter.native="handleLogin"
32.       />
33.       <!--是否显示密码-->
34.       <span class="show-pwd" @click="showPwd">
35.           <svg-icon
36.             :icon-class=
37.               "passwordType==='password' ? 'eye' : 'eye-open'" />
38.       </span>
39.     </el-form-item>
40.     <!--登录按钮-->
41.     <el-button
42.       :loading="loading" type="primary"
43.       @click.native.prevent="subBtn()"
44.       plain round>登录
45.     </el-button>
46.     <!--忘记密码按钮-->
47.     <el-link type="info">忘记密码</el-link>
48.
49.   </el-form>
50. </template>
```

在例 9-3 中，使用 ElementUI 组件集构造输入框，并在第 16 行代码和第 28 行代码分别为账号输入框和密码输入框绑定属性。第 43 行代码绑定单击事件，当“登录”按钮被单击时调用 subBtn()方法，此方法的代码如下所示。

```
subBtn(){
  /*如果密码格式正确，则进行登录*/
  this.$refs.loginForm.validate(valid=>{
    if (valid){
```

```
        this.$emit('submitBtnClick')
      } else {
        console.log('error submit!!')
        return false
      }
    })
  }
```

在以上代码中，使用 this.$refs.loginForm 定位登录框，并调用其 validate()方法验证，验证成功时使用 this.$emit()方法触发 submitBtnClick 事件。

在父组件中监听 submitBtnClick 事件，当监听成功时调用 handleLogin()方法，此方法核心代码如下所示。

```
handleLogin() {
    this.$store.dispatch("user/login",{
      username:this.loginForm.username,
      password:this.loginForm.password
    }).then(resp=>{
    }).catch(err=>{
    })
}
```

在以上代码中，调用 Vuex 中的方法，并传入用户名和密码，此方法所处的目录如图 9.43 所示。

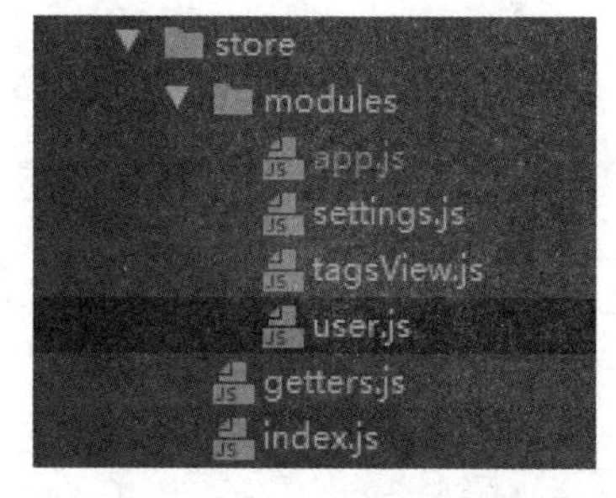

图 9.43　用户登录方法所处的目录

在图 9.43 的 user.js 文件中，寻找 login()方法，代码如例 9-4 所示。

【例 9-4】登录请求

```
1.  login({ commit }, userInfo) {
2.      const { username, password }=userInfo
3.      return new Promise((resolve, reject)=>{
4.        login(
5.          { username: username.trim(), password: password }
6.        ).then(response=>{
7.          console.log(response)
8.          const { data }=response
9.          commit('SET_TOKEN', data.token)
10.         console.log(data.token)
11.         setToken(data.token)
12.         resolve(data)
13.       }).catch(error=>{
14.         reject(error)
15.       })
16.     })
17. }
```

在以上代码中，使用 Promise 封装 login 异步请求，此 login 异步请求代码如下所示。

```
export function login(data) {
  return request({
    url: '/sys/login',
    method: 'post',
    data
  })
}
```

从以上代码可以看出，login 请求后台的数据，并将得到返回的 Token。

（2）将后台返回的 Token 存放在浏览器中，每一次请求都将附带 Token。

在例 9-4 代码的第 11 行，使用 setToken()方法将后台数据的 Token 设置到浏览器中，此方法处于 utils 包中的 auth.js 中，代码如下所示。

```
export function setToken(token) {
  return localStorage.setItem(TokenKey,token)
}
```

在以上代码中，使用 localStorage 作为浏览器存放 Token 的容器，将此 Token 设置到浏览器中。

在 utils 文件夹中创建 request.js 文件，向其中添加如下代码。

```
service.interceptors.request.use(
  config=>{
    // 在请求发送之前配置此请求
    if (store.getters.token) {
      config.headers['token']=getToken()
    }
    return config
  },
)
```

在以上代码中，判断 Vuex 中是否有 Token，如果有，则将其附带在请求头上。

（3）查询用户的信息。

Token 存放完后理应进行跳转，但是此时系统没有获取用户的信息，而进入系统后需要时刻保持用户信息的存在。

在此通过路由守卫，设置每次路由跳转前需要查询 Vuex 中是否存在用户信息。若信息消失，则重新获取用户信息并放到 Vuex 中。

在 permission.js 文件中添加以下代码。

```
const hasGetUserInfo=store.getters.userInfo
// 判断是否有用户信息
if (hasGetUserInfo) {
  next()
} else {
  try {
    //获取用户信息
    await store.dispatch('user/getInfo')
    next()
  } catch (error) {
    //移除 Token 并跳转到登录页面
    await store.dispatch('user/resetToken')
    next('/login?redirect=${to.path}')
    NProgress.done()
  }
}
```

在以上代码中，首先获取 Vuex 中的 userInfo，如果此项为空，则调用 user 中的 getInfo()方法获取用户信息。

getInfo()方法如下所示。

```
getInfo({ commit, state }) {
  return new Promise((resolve, reject)=>{
```

```
        getInfo(state.token).then(response=>{
          const { data }=response
          if (!data) {
            return reject('Verification failed, please Login again.')
          }
          const { userInfo }=data
          commit('SET_USERINFO', userInfo)
          resolve(data)
        }).catch(error=>{
          reject(error)
        })
      })
    }
```

在以上代码中，首先使用 getInfo()方法，传入从后端获取的 Token，查询出用户的详细信息，随后使用 commit()方法将此详细信息设置到 Vuex 中。

（4）查询菜单信息，进行跳转。

回到单击“登录”按钮时执行的 handleLogin()方法中，在访问成功后执行的 then()方法中添加如下代码。

```
//跳转到首页
this.$router.push("/dashboard")
/*等登录成功后去设置菜单列表*/
this.$store.dispatch('app/setMenuBar').then(()=>{
}).catch( err=>{
})
/*等登录成功后去设置权限列表*/
this.$store.dispatch('user/setPermissionArr').then(()=>{
}).catch( err=>{
})
```

在以上代码中使用 this.$router.push()方法将路由的导航重置到首页，然后设置菜单列表和权限列表，菜单与权限的操作分别在菜单与权限模块进行详细讲解。

9.6.2 后端功能的编写

1. 分析登录功能

接收到前台用户名和密码后，查询数据库，生成 Token 并将其返回给前端。

2. 功能实现

使用 Shiro 安全框架保证完成登录和授权，利用工具类生成 Token。

在 shiro 文件夹下创建 controller 文件夹，在 controller 文件夹中创建 ShiroController 控制器，在 ShiroController 中编写登录方法。登录方法的核心代码如例 9-5 所示。

【例 9-5】登录控制器

```
1.  @ApiOperation(value="登录", notes="参数:用户名 密码")
2.  @PostMapping("/login")
3.  public ResultInfo login(
4.      @RequestBody @Validated LoginDTO loginDTO,
5.      HttpServletRequest request)
```

```
6.  {
7.      String username=loginDTO.getUsername();
8.      String password=loginDTO.getPassword();
9.      password=MD5Util.encrypt(password);
10.
11.     QueryWrapper<SysUser> objectQueryWrapper=new QueryWrapper<>();
12.     objectQueryWrapper.eq("user_name",username);
13.     //用户信息
14.     SysUser user=sysUserServiceImpl.getOne(objectQueryWrapper);
15.     //账号不存在、密码错误
16.     if(user==null){
17.        return ResultInfo.error(CodeMsg.INVALIDUSER,"账户不存在");
18.     }else {
19.
20.        /*如果是有 token 的，则把 token 销毁*/
21.        String oldToken=request.getHeader("token");
22.        if(oldToken!=null){
23.           redisUtil.del(oldToken);
24.        }
25.        /*将 token 存放进 redis*/
26.        String token=TokenGenerator.generateValue();
27.        /*设置 token 3 小时失效*/
28.        redisUtil.set(token,user.getId(),3600*3);
29.        HashMap<String, String> result=new HashMap<>();
30.        result.put("token",token);
31.
32.        return ResultInfo.success(CodeMsg.SUCCESS, result,"登录成功");
33.     }
34. }
```

下面详细讲解例 9-5 的代码。

- 第 7～9 行代码获取用户的用户名和密码，并将密码加密。
- 第 11～14 行代码查询此用户的详细信息，验证用户名的密码是否正确。
- 第 20～24 行代码判断如果请求头中含有 token，销毁此 token。
- 第 26～30 行代码生成一个 UUID，将其作为 token 字符串存放在 redis 中，此 token 字符串对应的值设置为该用户的 ID，同时设置此信息的失效时间为 3 小时。
- 第 32 行代码将此 token 返回给前端。

Shiro 安全框架较为简单，在此只讲解配置该框架的核心代码，在 config 目录下创建 shiro 文件夹，在 shiro 文件夹中创建 AuthRealm 类。AuthRealm 类中含有两个方法，功能分别是登录和授权，AuthRealm 类的核心代码如下所示。

```
@Component
public class AuthRealm extends AuthorizingRealm {
   @Override
   protected AuthorizationInfo doGetAuthorizationInfo(
          PrincipalCollection principals
   ) {
      //1.从 PrincipalCollection 中来获取登录用户的信息
      //2.添加角色和权限
      //2.1 添加角色
      //2.2 添加权限
```

```
            return ;
        }
        @Override
        protected AuthenticationInfo doGetAuthenticationInfo(
                AuthenticationToken token
        ) throws AuthenticationException {
            //获取 token，既前端传入的 token
            //1.根据 accessToken，查询用户存在 redis 中的 token 是否在
            //2.token 失效
            //3.调用数据库的方法，从数据库中查询 username 对应的用户记录
            //4.若用户不存在，则可以抛出 UnknownAccountException 异常
            return ;
        }
    }
```

当请求访问后端时会被此类拦截，之后此请求经过 AuthRealm 类中的 doGetAuthenticationInfo()认证方法，根据请求头中的 token 从 redis 中取出该用户的 id，通过 id 查看该用户的详细信息，当用户存在时，认证成功，随后使用 doGetAuthorizationInfo()授权方法为此请求授权。

9.7 标题栏功能模块

9.7.1 前端功能的编写

1. 分析标题栏功能

（1）用户登录后，单击菜单管理等标签时，面包屑需要展示当前访问的每一个路径，单击路径可以跳转到相应的页面。

（2）单击标题栏中的“放大”按钮，将页面切换到大屏页面。

（3）单击头像，弹出下拉列表，完成下拉列表中的切换头像功能与登出功能。

（4）单击每个页面时都会出现一个卡片式标签，用户可以单击实现页面跳转，也可以单击鼠标右键，在弹出的快捷菜单中实现刷新、关闭、关闭其他和关闭全部功能。

2. 功能实现

vue-element-template 模板已经实现了标题栏模块的相关功能构造，感兴趣的读者可参考 layout 目录，此目录如图 9.44 所示。

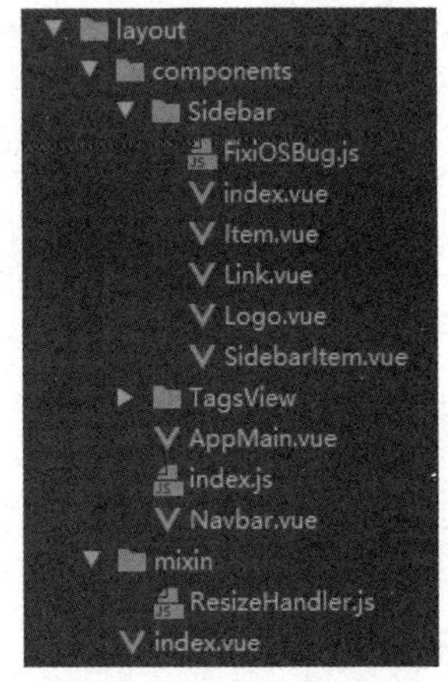

图 9.44　标题栏目录

在图 9.44 中，Sidebar 目录表示左侧菜单栏，TagsView 表示标题栏。当用右键单击标题栏右侧的头像时，会弹出切换头像功能列表。添加切换头像功能，导入头像切换组件，代码如下所示。

```
<my-upload
  @crop-success="cropSuccess"
  v-model="show"
  :width="200"
  :height="200"
  img-format="png"
```

```
  :size="size"
  langType='zh'
  :noRotate='false'
  field="Avatar1"
>
</my-upload>
```

在以上代码中，监听 cropSuccess 事件，当用户提交头像时，发送服务器请求，并将头像的地址放入 Vuex 中。

9.7.2 后端功能的编写

1. 分析标题栏功能

当用户上传头像文件时，将其存放到服务器。

2. 实现标题栏功能

在生成的 UserController 中添加以下代码。

```
/*处理 formdata 类型的文件上传*/
@ApiOperation(value="添加头像", notes="", httpMethod="POST")
@PostMapping(value="/addHeadImage")
public ResultInfo addHeadImage(HttpServletRequest request) {
   ServletInputStream inputStream=null;
   try {
      inputStream=request.getInputStream();
      String bodyInfo=IOUtils.toString(inputStream, "utf-8");
      //将图片存放到指定目录，返回图片存放路径
      String imgUrl=decodeBase64(bodyInfo);
      String requestToken=TokenUtil.getRequestToken(request);
      //获取用户 id
      int id=(Integer)redisUtil.get(requestToken);
      SysUser sysUser=new SysUser();
      sysUser.setId(id);
      sysUser.setHeadImgUrl(imgUrl);
      //将用户的头像更新为新生成的 URL
      int ret=new
            CRUDTemplate<>(sysUserMapper).update(sysUser,sysUser.getId());
      HashMap hashMap=new HashMap();
      hashMap.put("path",imgUrl);
      return ResultInfo.success(hashMap);
   } catch (IOException e) {
      e.printStackTrace();
   }
  return ResultInfo.error(CodeMsg.ERROR,"图片上传失败");
}
```

在以上代码中，首先从 Request 中获取 InputStream，然后使用 IOUtils 工具类提取出文件体，随后使用 decodeBase64 方法将其放到指定目录。因为此环境搭建为本地，所以将文件输出到前端文件的 public 目录中。

文件存放完后会返回图片的存放路径，获取路径后到数据库更新此用户的头像地址。接

下来讲解 decodeBase64()方法，代码如下所示。

```
/**
 * 解析base64，返回图片所在路径
 * @param base64Info
 * @return
 */
public String  decodeBase64(String base64Info){
    if(StringUtils.isBlank(base64Info)){
        return null;
    }
    BASE64Decoder decoder=new BASE64Decoder();
    String[] arr=base64Info.split("base64,");
    //把图片放在前端的应用目录或者是云服务器
    File filePath=new File(headImagePath);
    //因为图表的图片扩展名是.png，所以后台生成的图片也是它
    String radomPath=UUID.randomUUID().toString();
    String picPath=filePath+ "/"+ radomPath +".png";
    try {
        byte[] buffer=decoder.decodeBuffer(arr[1]);
        OutputStream os=new FileOutputStream(picPath);
        os.write(buffer);
        os.flush();
        os.close();
    } catch (IOException e) {
        throw new RuntimeException();
    }
    return radomPath+".png";
}
```

在以上代码中，首先将文件的“base64”前缀去掉，随后使用 BASE64Decoder 工具类的 decodeBuffer()方法将文件转换成 byte 字节数组，最后将此数据使用文件流发送到指定目录。

9.8 菜单栏功能模块

当用户登录时，需要渲染出左侧菜单栏。vue-element-template 模板使用路由数据构造菜单栏，具体代码如下所示。

```
<el-menu
  :default-active="activeMenu"
  :collapse="isCollapse"
  :background-color="variables.menuBg"
  :text-color="variables.menuText"
  :unique-opened="false"
  :active-text-color="variables.menuActiveText"
  :collapse-transition="false"
  mode="vertical"
>
  <sidebar-item
      v-for="menu in menuList"
      :key="menu.menuUrl"
```

```
        :item="menu"
        :base-path="menu.menuUrl" />
</el-menu>
```

在以上代码中，使用<el-menu>作为菜单栏的框架，使用<sidebar-item>作为菜单栏的内容，在<sidebar-item>内部使用 for 循环递归分析每个路由体，构造路由菜单。感兴趣的读者可以详细了解<sidebar-item>组件中的构造逻辑。

在<sidebar-item>组件中，menuList 参数是负责构建菜单栏的关键，此参数在用户登录后，从 Vuex 中取出。

在用户登录后，从后端查询 menuList 数据，随后放入 Vuex 中，代码如下所示。

```
setMenuBar({ commit }){
  return new Promise((resolve,reject)=>{
    //请求后台
    selectByUserId().then(resp=>{
      /*将扁平结构的菜单转换成树状结构*/
      const result=construct(resp.data, {
        id: 'id',
        pid: 'parentId',
        children: 'children'
      });
      //将树状结构的菜单放入 Vuex 中
      commit('CHANGE_MENUBAR',result)
      resolve()
    })
  })
}
```

在以上代码中，查询全部的菜单栏数据，随后使用工具将数据转换为树状菜单，最后将树状菜单传入<sidebar-item>组件中进行渲染。

后端使用一键生成代码，无须手动编写查询请求。

9.9 菜单功能模块

9.9.1 前端功能的编写

1. 分析菜单功能模块

（1）前端使用统一的表单展示与操作模板。

（2）用户进入此页面，查找前 20 条数据，并展示在表格中。

（3）名称搜索功能，当用户输入名称时，对菜单名称进行查找，随后将查找后的数据渲染到表格中。

（4）当用户单击“添加”按钮后，弹出添加界面，在此界面中输入菜单所需要的数据，随后单击“确认”按钮确认。

（5）当用户单击“编辑”按钮时，弹出编辑界面，随后回显此菜单的所有数据，在其中进行修改，修改完后单击“确认”按钮确认。

（6）当用户单击“删除”按钮时，弹出确认界面，单击“确认”按钮即可删除。

2. 功能实现

根据 vue-element-template 模板给出的统一表单样例，修改其中的请求。

（1）用户进入此页面时，查询 20 条菜单数据。

在 menuManager.vue 页面添加 getList()方法，此方法会在页面初始化时被调用。在 getList()方法中编写请求，代码如下所示。

```
getList(){
    getMenuList(this.tableData.queryObject).then(resp=>{
      /*向每一个对象中添加 showId，用于展示*/
      resp.data.list.forEach((value,index)=>{
        value.showId=index +1
      })
      /*给主菜单列表赋值*/
      this.tableData.tableDataList=resp.data.list
      /*给列表总数赋值*/
      this.pagination.total=resp.data.size
    }).catch(err=>{
      console.log("menuManager:getList()",err)
    })
}
```

在以上代码中，使用 queryObject 对象传送数据。queryObject 对象含有 page 和 pageSize 属性，因此调用路径为/sysMenu/的控制器进行分页查询，随后将查询到的数据赋予表单。

（2）名称搜索功能。

此功能与查询表单时调用的方法一致，将搜索框的名称与 queryObject 对象相应属性绑定，当用户填入名称值后，queryObject 对象的属性也会改变，直接调用 getList()方法即可发送筛选请求。

（3）菜单数据添加或更新。

在 menuManager.vue 页面中添加 updateOrAddList()方法，代码如下所示。

```
updateOrAddList(dealMethods,type,obj){
  dealMethods(obj).then(resp=>{
    this.dialogData.dialogVisible=false
    this.setTableDateList()
    this.$message.success(type+"成功")
  }).catch(err=>{
    this.$message.error(type+"失败")
    this.dialogData.dialogVisible=false
    console.log("menuManager:updateOrAddList():"+type,err)
  })
}
```

在以上代码中，将需要创建的菜单信息作为参数，请求后台完成相应的增加或更新。

（4）菜单删除。

单击菜单项右侧的“删除”按钮时，将此菜单列的 id 取出，确认后发送删除请求，删除代码如下所示。

```
deleteList(rowId){
  /*删除菜单列表*/
  delMenuList({id:rowId}).then(resp=>{
```

```
    /*刷新菜单*/
    this.setTableDateList()
    this.$message.success("删除成功")
  }).catch(err=>{
    this.$message.error("删除失败")
    console.log("menuManager:deleteList()",err)
  })
}
```

在以上代码中，请求删除对应 id 的菜单。

9.9.2 后端功能的编写

由于在 9.5 节已经介绍了一键生成代码，并且菜单功能模块没有其他特殊的请求，因此，后端只需要使用一键生成工具生成相应的查询、分页查询、增加、删除和修改代码即可，具体的生成格式可参考本书配套的源码包或 9.5 节中 User 的生成样例。

9.10 用户功能模块

9.10.1 前端功能的编写

1. 分析用户功能模块

用户功能模块与菜单功能模块类似，仅增加了设置角色的功能。当用户单击“设置角色”按钮时，弹出角色设置界面。用户可以在角色设置界面选择添加或移除用户的角色。

2. 功能实现

角色修改界面选用 ElementUI 中的<el-transfer>，代码如下所示。

```
<el-transfer
  v-model="transferData.ownRole"
  :data="transferData.totalRole"
  :titles="['未有角色', '已有角色']"
  :button-texts="['移除', '添加']"
>
</el-transfer>
```

在以上代码中，需要配置用户的角色和所有的角色。当此账户的角色修改完后，transfer Data.ownRole 属性也会发生改变，随后发送修改用户角色请求，代码如下所示。

```
handlerTransferInfoAddOrUpdate(){
  updateRoleIdList(
    {
      userId:this.transferData.activeId,
      roleIdList:this.transferData.ownRole,
    }
  ).then((resp)=>{
    this.transferData.transferVisible=false
    this.$message.success("操作成功")
  }).catch(()=>{
    this.transferData.transferVisible=false
```

```
      this.$message.success("操作失败")
      this.$message.success("操作失败")
    })
  }
```

在以上代码中，发送请求，参数为用户的 id 和权限列表。

9.10.2 后端功能的编写

除后台一键生成的代码外，后端还需要提供一个接口，此接口需要根据用户的 id 更改用户的权限列表。编写控制器，代码如下所示。

```
@ApiOperation(value="更新用户对应的角色", notes="必传用户 id", httpMethod="PUT")
@PutMapping(value="/updateUserRole")
@Transactional
public ResultInfo updateUserRole( @RequestBody Map map ) {
    int userId=(int)map.get("userId");
    List roleIdList=(List)map.get("roleIdList");
    sysUserService.deleteUserRoleByUserId(userId);
    if(roleIdList!=null&&roleIdList.size()!=0){
        sysUserService.addUserRoleInfo(userId,roleIdList);
    }
    return ResultInfo.success(1);
}
```

在以上代码中，控制器上方添加@Transaction 注解，表示此方法为一个事务，随后通过 deleteUserRoleByUserId()方法和 addUserRoleInfo()方法分别将 sys_user_role 表中此用户 id 的所有角色删除，并将此用户所有的角色 id 添加到 sys_user_role 表中。

编写 deleteUserRoleByUserId()方法和 addUserRoleInfo()方法对应的 Mapper 文件，代码如下所示。

```
<delete id="deleteUserRoleByUserId" parameterType="Integer">
    delete from sys_user_role where user_id=#{userId}
</delete>

<insert id="addUserRoleInfo" >
    insert into sys_user_role (user_id,role_id) value
    <foreach item="item"  collection="roleIdList" separator=",">
        (#{userId} , #{item})
    </foreach>
</insert>
```

从以上代码中可以看出，deleteUserRoleByUserId()方法从 sys_user_role 表中删除了该用户的所有数据，addUserRoleInfo()方法向 sys_user_role 表添加了此用户对应的所有角色项。

9.11 角色功能模块

9.11.1 前端功能的编写

1. 分析角色功能模块

角色功能模块与菜单功能模块功能类似，仅增加了设置菜单和设置权限两个操作，因此本节只讲解设置菜单和设置权限两个功能。

当用户单击“设置菜单”按钮时，弹出菜单设置界面。用户在菜单设置界面中可以设置此角色允许访问的菜单，如果有相应的菜单被勾选，则拥有该角色的用户可以访问此菜单。

当用户单击“设置权限”按钮时，弹出权限设置界面。用户在权限设置界面中可以设置此角色拥有的权限，如果有相应的权限被勾选，则拥有此角色的账户可以进行相应的操作。

2. 功能实现

（1）角色菜单设置功能

菜单设置界面使用 ElementUI 组件中的<el-tree>，代码如下所示。

```
<el-tree
  ref="menuTree"
  :data="menuTreeData.menuTreeList"
  show-checkbox
  node-key="id"
  :default-expanded-keys="menuTreeData.fullCheckArr"
  :default-checked-keys="menuTreeData.activeArr"
  check-strictly
>
</el-tree>
```

在以上代码中，data 表示树状菜单的列表，default-expanded-keys 表示默认展开的表单列表，default-checked-keys 表示默认选中的列表，在此分别绑定 menuTreeData 中的数据项，代码如下所示。

```
/** 权限树数据*/
permissionTreeData:{
  /*当前权限树角色 id*/
  roleId:null,
  /*菜单树框可见是否*/
  permissionTreeVisible:false,
  /*菜单树*/
  permissionTreeList: [],
  /*表单正在选中的数组*/
  activeArr:[],
  /*表单全选时的数组*/
  fullCheckArr:[]
}
```

当用户修改角色的菜单时，activeArr 将会随之改变。当用户单击“确认”按钮时，发送请求修改当前角色的菜单，请求代码如下所示。

```
/*更新:菜单树更新*/
handlerMenuTreeUpdate(){
  updateByRoleId(
    {
      roleId:this.menuTreeData.roleId,
      menuIdList:this.$refs.menuTree.getCheckedKeys()
    }
  ).then(resp=>{
    this.menuTreeData.menuTreeVisible=false
    this.$store.dispatch("app/setMenuBar")
    this.$message.success("操作成功")
  }).catch(err=>{
```

```
      this.menuTreeData.menuTreeVisible=false
      this.$message.error("操作失败")
    })
  }
```

从以上代码可以看出，此请求携带了角色 id 和权限 id 的 List 集合。

（2）角色权限设置功能

权限设置的前端页面依旧选用<el-tree>，参考菜单设置的前端页面来编写前端代码，随后编写角色权限的请求，代码如下所示。

```
handlerPermissionTreeUpdate() {
  updatePermissionByRoleId(
      {
        roleId:this.permissionTreeData.roleId,
        permissionIdList:this.$refs.permissionTree.getCheckedKeys()
      }
  ).then(resp=>{
    this.permissionTreeData.permissionTreeVisible=false
    this.$message.success("操作成功")
    this.$store.dispatch('user/setPermissionArr').then(()=>{
    })
  }).catch(err=>{
    this.menuTreeData.menuTreeVisible=false
    this.$message.error("操作失败")
  })
}
```

从以上代码可以看出，此请求携带了角色 id 和权限 id 的 List 集合。

9.11.2 后端功能的编写

1. 分析角色功能模块

角色功能模块除常用的增、删、改、查接口之外，还需要准备两个接口：第一个是根据角色 id 修改该角色的菜单；第二个是根据角色 id 修改该角色的权限。

2. 功能实现

上述这两个功能与用户管理中的用户角色修改相似，因此只给出这两个功能的 Mapper 文件，代码如下所示。

```
//角色菜单修改
<delete id="deleteRoleMenuByRoleId" parameterType="Integer">
    delete from sys_role_menu where role_id=#{roleId}
</delete>

<insert id="addRoleMenuInfo" >
    insert into sys_role_menu (role_id,menu_id) value
    <foreach item="item" collection="menuIdList" separator=",">
        (#{roleId} , #{item})
    </foreach>
</insert>
//角色权限修改
<delete id="deleteRolePermissionByRoleId" parameterType="Integer">
```

```
    delete from sys_role_permission where role_id=#{roleId}
</delete>

<insert id="addRolePermissionInfo" >
    insert into sys_role_permission (role_id,permission_id) value
    <foreach item="item" collection="permissionIdList" separator=",">
        (#{roleId} , #{item})
    </foreach>
</insert>
```

在以上代码中，角色的菜单更新业务首先删除了 sys_role_menu 表中对应角色 id 的数据，随后使用<foreach>动态 SQL 标签循环添加了角色菜单的映射。角色的权限更新业务首先删除了 sys_role_permission 表中对应角色 id 的数据，随后使用<foreach>动态 SQL 标签循环添加了角色菜单的映射。

9.12 权限功能模块

9.12.1 前端功能的编写

1. 分析权限功能模块

权限功能模块与菜单功能模块相比，主页面由普通表单变为了树状表单，本节讲解权限模块树状表单的构造。

2. 功能实现

在 ElementUI 中构造树状表格需要为<el-table>指定 row-key，并且与表单绑定的数据需要以树状的结构展现。在此引入树状数据的工具类，代码如下所示。

```
npm install --save @aximario/json-tree
```

引入树状工具后，使用 construct()方法对后台查询出来的表单数据进行树化，核心代码如下所示。

```
getFormDataListAll(this.tableData.queryObject).then(resp=>{
  /*利用树化方法，将后台查询的数据树化*/
  const result=construct(resp.data,{
    id: 'id',
    pid: 'parentId',
    children: 'children'
  })
  this.tableData.tableDataList=result
})
```

在以上代码中，使用 construct()方法对数据进行树化，指定 id 为树状表单的标识符，指定 parentId 为父表单的标识符，指定 children 为树化后子节点的名称。树化完成后将其赋值到 tableDataList 中，由 Vue 渲染树状表格。

9.12.2 后端功能的编写

后端功能是基本的增、删、改、查功能，因此无须进行编写，直接使用代码生成工具实现即可。

9.13 大数据展示功能模块

在首页页面导入大数据可视化面板，目录如图 9.45 所示。

在图 9.45 中，index.vue 是可视化大数据面板的框架，其余的 Vue 文件是大数据面板的组件。在 index.vue 文件中导入其他组件，构成整个大数据面板。接下来以 bottomLeft.vue 为例，讲解其中的代码，代码如下所示。

```
<template>
  <div id="bottomLeft">
    <div class="bg-color-black">
      <div class="d-flex pt-2 pl-2">
        <span style="color:#5cd9e8">
          <icon name="chart-bar"></icon>
        </span>
        <div class="d-flex">
          <span class="fs-xl text mx-2">数据统计图</span>
        </div>
      </div>
      <div>
        <BottomLeftChart/>
      </div>
    </div>
  </div>
</template>
```

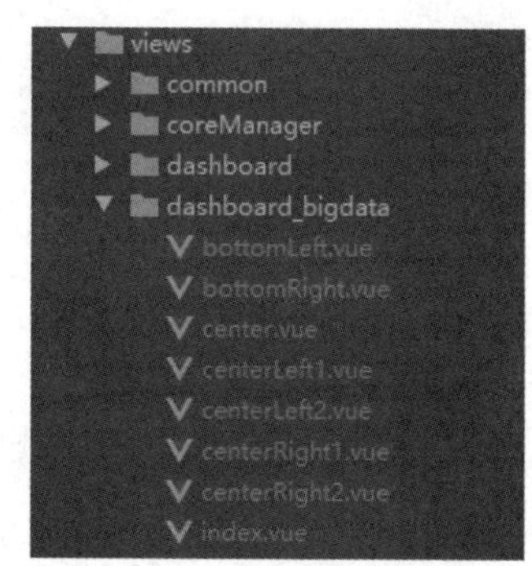

图 9.45 大数据目录

在以上代码中使用普通页面元素构造框架和标题，随后导入 BottomLeftChart 模块，此模块代码如下所示。

```
<template>
  <div>
    <!-- 年度开工率 -->
    <Echart
      :options="options"
      id="bottomLeftChart"
      height="6.25rem"
      width="100%"
    ></Echart>
  </div>
</template>
```

在以上代码中，使用<Echart>组件构成图表，随后在 options 对象中配置该表格的属性。利用异步请求后台填表格中的数据，代码如下所示。

```
getData().then(resp=>{
  this.cdata.category=resp.data.category
  this.cdata.lineData=resp.data.lineData
  this.cdata.barData=resp.data.barData
  for (let i=0; i<this.cdata.barData.length-1; i++) {
    let rate=this.cdata.barData[i]/this.cdata.lineData[i];
    this.cdata.rateData.push(rate.toFixed(2));
  }
})
```

在以上代码中，请求后台的表格数据，随后将得到的数据传入 options 对象中，由<Echart>组件进行渲染。

编写后端代码，提供 options 对象所需的数据，代码如下所示。

```
@RestController
@RequestMapping("/bigdata")
public class BigData {
    @RequestMapping("/getdata")
    public ResultInfo getData(){
        String[] category=new String[]{"市区"…"上城"};
        Integer[] lineData=new Integer[]{18092…20728};
        Integer[] barData=new Integer[]{4600…5000};
        return ResultInfo.success(
                new BottomLeft(category,lineData,barData)
        );
    }
}
```

在以上代码中，构造 category、lineData 和 barData 列表，此处的数据是示例数据，如果需要真实数据可选择从数据库查询。

9.14 项目部署

编写完成后将项目打包，并将前后端的代码包部署到服务器中。

9.14.1 后端代码的打包与部署

单击 IDEA 中右侧的“Maven”，在弹出的界面中单击“package”选项，将项目打包。具体操作步骤如图 9.46 所示。

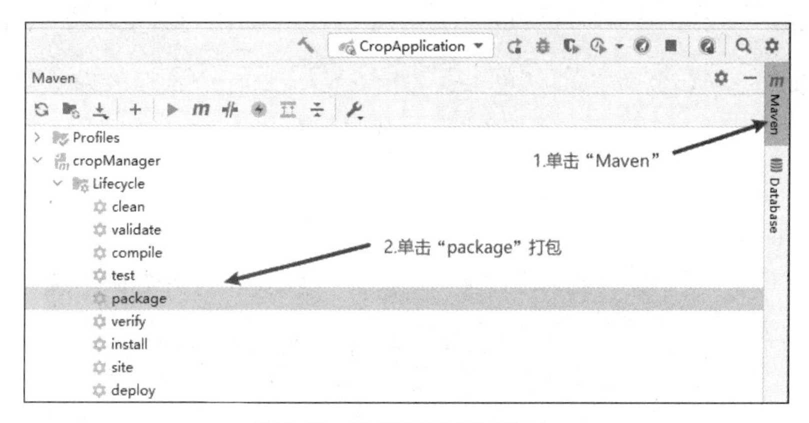

图 9.46　将后端项目进行打包

打包完成后，查看控制台的输出，如图 9.47 所示。

从图 9.47 中可以看出，JAR 包被输出到项目所在目录的 target 文件夹中。在 Spring Boot 中启动打包项目不需要额外搭建应用服务器，只需使用 java -jar 命令启动 JAR 包即可访问项目。

```
[INFO]
[INFO]
[INFO] --- maven-jar-plugin:3.2.0:jar (default-jar) @ cropManager ---
[INFO] Building jar: C:\Users\25002\Downloads\Compressed\new-crop-control-back-master\target\cropManager-0.0.1-SNAPSHOT.jar
[INFO]
[INFO] --- spring-boot-maven-plugin:2.4.3:repackage (repackage) @ cropManager ---
[INFO] Replacing main artifact with repackaged archive
[INFO] ------------------------------------------------------------------------
[INFO] BUILD SUCCESS
[INFO] ------------------------------------------------------------------------
[INFO] Total time: 12.013 s
[INFO] Finished at: 2022-08-17T14:20:14+08:00
[INFO] Final Memory: 56M/917M
[INFO] ------------------------------------------------------------------------
```

将JAR包放到了此目录下

图 9.47　项目打包目录

从 target 文件夹中取出 JAR 包，将其发送到 Linux 上，随后在 Linux 中运行以下命令。

```
nohup java -jar cropManager-0.0.1-SNAPSHOT.jar &
```

以上代码中，使用 java -jar 命令启动 JAR 包，但是当退出控制台后此 JAR 包将会停止运行。为了解决此问题，在启动命令的前方添加 nohup 命令，此命令表示非阻塞式运行。添加此命令后，退出 Linux 控制台时 JAR 包将保持运行状态。

9.14.2　前端代码的打包与部署

前端项目使用 Vue-Cli3 架构，因此使用 Webpack 打包，在控制台中输入以下命令。

```
npm run build:prod
```

在以上命令中，build:prod 表示按照生产环境的配置进行打包，生产环境下的环境配置如图 9.48 所示。

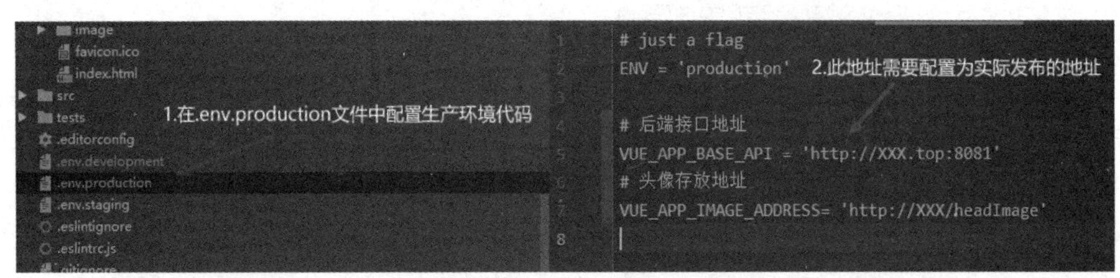

图 9.48　生产环境配置

在图 9.48 中更改后端的接口地址以及头像的存放地址，随后观察控制台的输出和文件目录的变动，如图 9.49 所示。

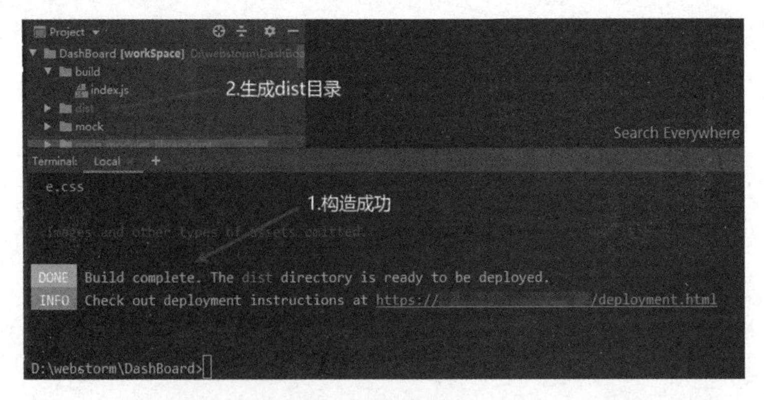

图 9.49　打包结果

从图 9.49 中可以看出，控制台提示项目已经构建完毕，同时在项目目录中生成了 dist 目录。dist 目录结构如图 9.50 所示。

从图 9.50 中可以看出，项目 public 目录下的所有文件没有经过处理，直接放到了 dist 目录中。除此之外，项目中的其他文件全部被放到 static 目录中。在 static 目录中，css 目录代表项目中所有的 CSS 文件，fonts 目录代表项目中所有的字体文件，img 目录代表项目中所有的图片文件，js 目录代表项目中所有的.js 文件。

项目打包完成后进入部署流程。

1. 通过后端项目部署

打包完成的前端项目可以通过后端的服务器进行发布。将 dist 目录下的内容放到后端的 static 目录中，如图 9.51 所示。

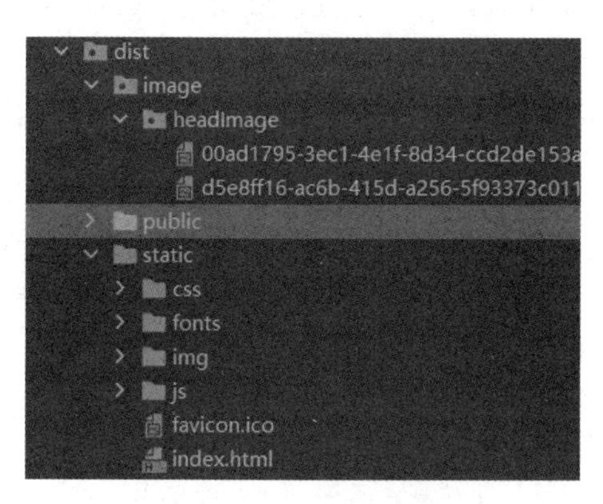

图 9.50 dist 目录结构

图 9.51 集成前端文件

当使用此种方式部署前端项目时，需要将前端.env.production 文件中的内容更改为以下代码。

```
//后端接口地址
VUE_APP_BASE_API='http://localhost:8080'
//头像存放地址
VUE_APP_IMAGE_ADDRESS='http://localhost:8080/static/headImage'
```

在以上代码中，规定项目的地址为后端地址，头像地址为后端服务器的静态资源目录。同时配置后端的 Shiro 框架，放相应的请求，代码如下所示。

```
//放前端访问的请求
filterMap.put("/index.html", "anon");//访问 index.html
filterMap.put("/static/**", "anon");//访问静态资源目录
filterMap.put("/headImage/**", "anon");//访问头像
filterMap.put("/favicon.ico", "anon");//访问网页图标
```

在 Spring Boot 配置文件中配置静态资源的目录，代码如下所示。

```
spring
  resources:
    static-locations:
      - classpath:/static/**
```

配置完成后，启动后端项目，输入以下地址访问前端页面。

```
localhost:8080/index.html
```

当输入以上访问地址时，后端解析发现没有 index.html 对应的控制器，因此到静态资源

目录中寻找 index.html。由于 Spring Boot 配置文件中配置了 static 为静态资源目录，因此到 static 文件夹中寻找 index.html 文件，随后返回页面给前端。

配置完成后可以直接执行“Maven”→“package”命令将项目打包，随后使用 java -jar 命令运行即可。

2. 通过 Nginx 部署

未掌握 Nginx 的读者可以选用后端项目部署的方式来部署前端项目。使用 Nginx 部署前端项目需要配置前端项目中的.env.production 文件，代码如下所示。

```
//请求地址
VUE_APP_BASE_API='http://168.13.134.12:8081'
//头像图片服务器地址
VUE_APP_IMAGE_ADDRESS='http://168.13.134.12/headImage'
```

在以上代码中，指定请求地址与头像图片服务器地址，这些地址需要通过 Nginx 转发到静态资源目录。

在服务器上安装完成 Nginx，随后将 dist 目录放到 Nginx 的 html 文件夹中，配置 Nginx 的代理转发，代码如下所示。

```
server {
    listen       80;
    server_name  168.13.134.12;
    //设置 URL 的编码格式，解决参数中文乱码问题
    charset UTF-8;
    location ^~  /controlhead {
       alias /usr/share/nginx/html/dist;
       index index.html;
    }
    location ^~  /headImage {
       alias /usr/share/nginx/html/headImage;
    }
}
```

在以上代码中使用 location 进行代理转发，使用浏览器访问如下地址。

```
http://168.13.134.12/controlhead
```

当以上请求发送到服务器时会被 Nginx 拦截，然后将请求转发到/usr/share/nginx/html/dist 目录中，寻找 index.html 文件，随后 Nginx 会将此文件返回给前端。当头像图片的请求到来时，可以访问如下请求。

```
http://168.13.134.12/headImage/***
```

在以上请求中，headImage 请求将会到/usr/share/nginx/html/headImage 文件中寻找对应文件，随后 Nginx 将其返回给前端。

9.15 本章小结

本章首先介绍智慧工地监控大数据平台的功能，随后带领读者了解每个模块的具体展示；了解项目的具体架构之后，介绍后端项目与前端项目的搭建；为了简化后端代码的编写，本章还介绍后端代码的自动生成，随后针对每个具体功能模块进行讲解，完成整个项目的构建。